中国西北地区植原体株系多样性研究

主 编 李正男

副主编 张磊 孙平平

U0349161

中国农业科学技术出版社

图书在版编目（CIP）数据

中国西北地区植原体株系多样性研究 / 李正男主编 . --北京：中国农业科学技术出版社，2024.6
　　ISBN 978-7-5116-6857-8

　　Ⅰ.①中⋯　Ⅱ.①李⋯　Ⅲ.①原核生物-多样性-研究-陕西
Ⅳ.①Q939

中国国家版本馆 CIP 数据核字（2024）第 109751 号

责任编辑	倪小勋
责任校对	马广洋
责任印制	姜义伟　王思文

出 版 者	中国农业科学技术出版社
	北京市中关村南大街 12 号　　邮编：100081
电　　话	（010）62111246（编辑室）　　（010）82109702（发行部）
	（010）82109709（读者服务部）
网　　址	https://castp.caas.cn
经 销 者	各地新华书店
印 刷 者	北京建宏印刷有限公司
开　　本	170 mm×240 mm　1/16
印　　张	11.25
字　　数	210 千字
版　　次	2024 年 6 月第 1 版　2024 年 6 月第 1 次印刷
定　　价	68.00 元

摘　　要

　　植原体（Phytoplasma）是一类没有细胞壁的原核生物，严格寄生于植物韧皮部筛管细胞内，能够引起多种植物病害并造成严重经济损失。自然条件下，植原体类病害主要由刺吸式口器昆虫传播。本研究采用分子生物学方法对陕西省全境内相关病害的植原体种类进行了鉴定，并克隆了这些植原体株系的 16S rRNA 基因及部分株系的 rp 基因和 tuf 基因，从组和亚组水平明确了它们的分类地位。另外，对部分植原体株系进行了透射电镜观察，从形态学上确定了植原体的侵染，并对寄主植物进行了细胞病理学观察。采用昆虫传毒和菟丝子传毒的方式在温室内长春花上保存了 4 个植原体株系。

　　1. 根据植原体病害的症状特点，从陕西省 10 个市采集了 200 余份疑似植原体侵染的植物样品。采用植原体 16S rRNA 基因通用引物 P1/P7 和 R16F2n/R16R2 对这些样品进行了植原体感染情况鉴定，共检测出泡桐丛枝、枣疯病、酸枣丛枝、凌霄花丛枝、甜樱桃丛枝、仙人掌丛枝、国槐丛枝、刺槐丛枝、南瓜丛枝、苦楝丛枝、油菜绿变、狗尾草绿变、樱花黄化、桃黄化、苦楝黄化、中华小苦荬扁茎、狗尾草红叶、马铃薯紫顶、狗牙根白叶、苜蓿丛枝、早园竹丛枝、菲白竹丛枝、五角枫丛枝、辣椒丛枝、凤仙花绿变、月季绿变、菊花绿变、樱花绿变、马唐黄化、葡萄黄化、樱桃李黄化、谷子黄化、苹果衰退、普那菊苣扁茎、桔梗扁茎、国槐扁茎、紫薇扁茎、芝麻扁茎、谷子红叶等 39 种植原体病害。明确了泡桐丛枝、枣疯病和酸枣丛枝是陕西省分布最广泛的一类植原体病害；凌霄花丛枝、菲白竹丛枝、早园竹丛枝、中华小苦荬扁茎、普那菊苣扁茎、桔梗扁茎、谷子黄化、谷子红叶、苹果衰退等 9 种为世界上首次报道的植原体病害；南瓜丛枝、狗尾草绿变（红叶）、油菜绿变、五角枫丛枝、凤仙花绿变、菊花绿变、马唐黄化、葡萄黄化等 8 类为中国首次发现的植原体病害。

2. 植原体 16S rRNA 基因的系统发育分析结果和 RFLP 分析结果表明：苹果衰退（AD）属于 16SrV-B 亚组、苜蓿丛枝（AWB）属于 16SrV-B 亚组、油菜绿变（BrV）属于 16SrVI-A 亚组、仙人掌丛枝（CaWB）属于 16SrII-A 亚组、苦楝丛枝（CbWB）属于 16SrI-B 亚组、狗牙根白叶（CdWL）属于 16SrXIV-A 亚组、中华小苦荬扁茎（CiFS）属于 16SrI-C 亚组、樱桃李黄化（CpY）属于 16SrI 组新亚组、凌霄花丛枝（CtcWB）属于 16SrI-C 亚组、菊花绿变（CV）属于 16SrI-B 亚组、苦楝黄化（CY）属于 16SrI-B 亚组、马唐黄化（DY）属于 16SrV-B 亚组、狗尾草红叶（GbR）属于 16SrI-B 亚组、狗尾草绿变（GbV）属于 16SrI-B 亚组、五角枫丛枝（JmWB）属于 16SrI-D 亚组、枣疯病（JWB）属于 16SrV-B 亚组、紫薇扁茎（LiFS）属于 16SrI 组新亚组、谷子红叶（MR）属于 16SrI-B 亚组、谷子黄化（MY）属于 16SrI-C 亚组、泡桐丛枝（PauWB）属于 16SrI-D 亚组、普那菊苣扁茎（PcWB）属于 16SrV-B 亚组、辣椒丛枝（PepWB）属于 16SrI-B 亚组、桔梗扁茎（PgFS）属于 16SrI 组新亚组、马铃薯紫顶（PpT）属于 16SrVI-A 亚组、早园竹丛枝（PpWB）属于 16SrI 组新亚组、桃黄化（PY）属于 16SrV-B 亚组、凤仙花绿变（RBP）属于 16SrI-B 亚组、月季绿变（RcV）属于 16SrI-B 亚组、刺槐丛枝（RpWB）属于 16SrV-B 亚组、甜樱桃丛枝（ScWB）属于 16SrV-B 亚组、芝麻扁茎（SFS）属于 16SrI-B 亚组、菲白竹丛枝（SfWB）属于 16SrI-C 亚组、国槐扁茎（SjFS）属于 16SrI 组新亚组、国槐丛枝（SiWB）属于 16SrV-B 亚组、樱花绿变（SV）属于 16SrI 组新亚组、SWB1 属于 16SrXII-A 亚组、SWB2 属于 16SrXII 组新亚组、樱花黄化（SY）属于 16SrV-B 亚组、葡萄黄化（VvY）属于 16SrI-B 亚组、酸枣丛枝（WjWB）属于 16SrV-B 亚组。

3. 对经 PCR 鉴定为阳性的有丛枝症状的泡桐、苜蓿、五角枫、辣椒，白叶症状的狗牙根，表现黄化症状的苦楝、桃、樱桃李，有扁茎症状的普那菊苣以及有衰退症状的苹果，采用透射电子显微镜对感病材料韧皮部组织进行了观察。在 10 个被检测样品中，植原体颗粒均存在于植物的韧皮部，且筛管和伴胞中均有分布，植原体粒子大小各不相同，为 200~850 nm，粒子大小与寄主种类或症状并无明显关联。

4. 从野外将枣疯植原体和芝麻扁茎植原体采用菟丝子传毒的方式传播到长春花上；利用条沙叶蝉将小麦蓝矮植原体、利用小绿叶蝉将泡桐丛枝植原体传播到长春花上。通过嫁接，对以上获取的 4 种毒源进行了温室内繁殖。比较发现，昆虫传毒后 1~2 周可以发病；菟丝子传毒后 2~3 个月发病；嫁接传毒后需要 2~3 周发病。

关键词：植原体；分子诊断；分类；保守基因；系统发育；透射电镜；RFLP；*i*Phyclassifier

Abstract

Phytoplasmas are cell − wall − less prokaryotes, and strictly inhabit in the phloem tissue of host plants, causing thousands of plant diseases and economic loss. In nature phytoplasmas are mainly transmitted by piercing−sucking mouthpart insects. In the present study, we survey phytoplasmas associated plant diseases in Shaanxi, China and detected and identified the taxonomic positions of these phytoplasmas using molecular technique. The 16S rRNA genes of all the strains were cloned as well as *rp* and *tuf* genes of some strains. Based on these genes, the phytoplasmas were correctly classified into different 16Sr groups and subgroups. Moreover, several strains were tested and examined under transmission electron microscope (TEM) for the morphological properties. Four phytoplasma strains were transmitted from their natural host plants to periwinkle plants by dodder bridge or insect feeding.

1. More than 200 samples of plant tissues, according to the phytoplasma−like symptoms, were collected in 10 cities in Shaanxi. PCR tests were conducted using the phytoplasma universal primer pairs P1/P7 and R16F2n/R16R2 for detecting phytoplasmas in these samples. The positive PCR results indicated that there are 39 phytoplasma − associated diseases, including Paulownia witches'−broom (PauWB), Wild jujube witches' − broom (WjWB), Jujube witches' − broom (JWB), *Cynodon dactylon* white leaves (CdWL), Chinaberry witches'−broom (CbWB), Chinaberry yellows (CY), Apple decline (AD), Cherry plum yellows (CpY), China ixeris flat stem (CiFS), Rose Balsam phyllody (RBP), Pepper witches' − broom (PepWB), Cactus witches' − broom (CaWB), Puna chicory witches'−broom (PcWB), Japanese maple witches'−broom (JmWB), Alfalfa witches'−broom (AWB), Peach yellows (PY), Chinese trumpet creeper witches'− broom (CtcWB), Sweet cherry witches' − broom (ScWB), *Sophora*

japonica witches'-broom (SjWB), *Robinia pseudoacacia* witches'-broom (Rp-WB), Squash witches'-broom (SWB), *Phyllostachys propinqua* witches'-broom (PpWB), *Sasa fortune* witches'-broom (SfWB), *Brassica rapa* virescence (BrV), *Green bristlegrass* virescence (GbV), *Rosa chinensis* virescence (RcV), Chrysanthemum virescence (CV), Sakura virescence (SV), Sakura yellows (SY), Digitaria yellows (DY), *Vitis vinifera* yellows (VvY), Millet yellows (MY), *Platycodon grandiflorum* flat stem (PgFS), *Sophora japonica* flat stem (SjFS), *Lagerstroemia indica* flat stem (LiFS), Sesame flat stem (SFS), Millet reddening (MR), Green bristlegrass reddening (GbR) and Potato purple top (PpT). The results suggested that Paulownia witches'-broom, Jujube witches'-broom and Wild jujube witches'-broom are the most common phytoplasma associated diseases in Shaanxi. Nine out of the 39 were the first reports in world that CtcWB, SfWB, PpWB, CiFS, PcWB, PgFS, MY, MD and AD. Another eight ones were the first reports in China, including SWB, GbR, GbV, BrV, JmWB, RBP, CV, DY and VvY.

2. The results of phylogeny analysis and restriction fragment length polymorphism (RFLP) analysis of 16S rRNA gene sequences proved and indicated that phytoplasma associated with AD belongs to subgroup 16SrV-B as well as AWB to 16SrV-B, BrV to 16SrVI-A, CaWB to 16SrII-A, CbWB to 16SrI-B, CdWL to 16SrXIV-A, CiFS to 16SrI-C, CpY to a novel subgroup in group 16SrI, CtcWB to 16SrI-C, CV to 16SrI-B, CY to 16SrI-B, DY to 16SrV-B, GbR to 16SrI-B, GbV to 16SrI-B, JmWB to 16SrI-D, JWB to 16SrV-B, LiFS to a novel subgroup in group 16SrI, MR to 16SrI-B, MY to 16SrI-C, PauWB to 16SrI-D, PcWB to 16SrV-B, PepWB to 16SrI-B, PgFS to a novel subgroup in group 16SrI, PpT to 16SrVI-A, PpWB to a novel subgroup in group 16SrI, PY to 16SrV-B, RBP to 16SrI-B, RcV to 16SrI-B, RpWB to 16SrV-B, ScWB to 16SrV-B, SFS to 16SrI-B, SfWB to 16SrI-C, SjFS to a novel subgroup in group 16SrI, SiWB to 16SrV-B, SV to a novel subgroup in group 16SrI, SWB1 to 16SrXII-A, SWB2 to a novel subgroup in group 16SrXII, SY to 16SrV-B, VvY to 16SrI-B and WjWB to 16SrV-B.

3. Ten samples out of the 39 were tested under TEM. The samples include Paulownia witches'-broom, Alfalfa witches'-broom, Japanese maple witches'-

broom, Pepper witches' – broom, *Cynodon dactylon* white leaves, Chinaberry yellows, Peach yellows, Cherry plum yellows and Puna chicory flat stem. Under TEM, the phytoplasma particles were observed in the phloem tissue of host plants, inside both sieve tube elements and companion cells. The diameter of the particles ranged from 200–850 nm, and disassociated with the species of host plants as well as symptoms.

4. The phytoplasmas associated with Jujube witches' – broom and Sesame flat stem were transmitted to healthy periwinkles, respectively, by dodder bridges. The phytoplasma associated with wheat blue dwarf was transmitted to periwinkle by *Psammotettix striatus* as phytoplasma associated with paulownia witches' – broom by *Empoasca flavescens*. The infected periwinkle plants were then maintained by graft. After insect-feeding transmission, the periwinkle plants developed symptoms in 1–2 week, while the times were 2–3 months and 2–3 weeks for dodder transmission and graft, respectively.

Keywords: phytoplasma; molecular diagnosis; taxonomy; conserved genes; phylogeny; transmission electron microscope; RFLP; *i*Phyclassifier

目　　录

第1章 植原体病害概述及研究进展

1.1 植原体基本特性

1.1.1 什么是植原体？

在过去，许多黄化型植物病害都被认为是植物病毒造成的，这是基于这些黄化型病害具有传染性、可以由昆虫传播等特征得出来的结论（Kunkel，1926，1932，1955；McCoy et al.，1989；Maramorosch，2008）。1967 年，日本学者土居养二在表现黄化矮缩症状的桑树韧皮部发现了一种多形态的无细胞壁原核生物，首次报道这类疾病的病原物很可能是无细胞壁的原核生物而不是病毒，该结论开辟了植物病理学的一个全新的研究领域（Doi et al.，1967）。

1.1.2 植原体粒子形态

植原体粒子大小一般为 800～1 000 nm，因为缺少细胞壁所以容易受到植物体内液体环境渗透压的影响，因此植原体在形态上呈现多形态性，如球形、哑铃形、棒状、梭形等不规则形态，还有些因为处于不同的生长周期，而呈现出分裂状态、丝状体等形态（图 1-1）。植原体粒子有一层单位膜，厚度在 10 nm 左右。植原体主要存在于被感染植物韧皮部的筛管细胞、伴胞内，在介体昆虫体内，植原体主要存在于昆虫的唾液腺组织中。植原体不能培养，基因组大小在 680～1 600 kb。与它们的祖先有细胞壁的梭菌属芽孢杆菌相比，植原体的基因组大大减少。植原体缺少合成生存必需化合物的生物合成途径，因此必须从植物和昆虫等寄主体内获得这些物质（Bai et al.，2006）。

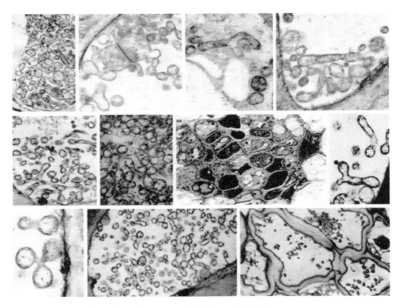

图 1-1　植原体侵染植物韧皮部的横切面电镜照片（Bertaccini，2007）

1.1.3　植原体名称的变迁

在形态学上，植原体与支原体的超微结构相似，所以最初植原体被命名为类菌原体（MLOs）。支原体和类菌原体都是原核生物，属于柔膜细菌纲，无细胞壁。但是和造成动物和人类一系列疾病的支原体比，类菌原体不能在培养基离体培养（Lee et al.，1986）。随着分子技术的发展，原核生物中类支原体的神秘身份被揭开，导致新名词——植原体的产生，2004 年国际原核系统分类委员会（IRPCM）将其定名为新的分类单元"植原体暂定种"。

1.1.4　植原体病害的症状特点

被植原体侵染的植物表现出一系列的症状，包括丛枝、黄化、小叶、花变叶、花器绿变等（Bertaccini，2007）（图 1-2），表明植原体对植物生长调节的平衡上有着深远的干扰。这些微生物被叶蝉、蝉、木虱、飞虱、蜡蝉等刺吸式口器昆虫持久性传播（Weintraub et al.，2006）。在过去的研究中，丛枝、黄化、小叶、花变叶、花器绿变等症状常常作为植物是否受到植原体侵染的症状标准，但是近几年越来越多的研究证明植物表现出扁茎也是与植原体相关的（Li et al.，2012，2013）。

图 1-2　植原体侵染植物后引起的常见症状

从左上至右下依次是：桔梗扁茎、泡桐丛枝、苦楝黄化、甘薯小叶、长春花花变叶、长春花花器绿变（Phytoplasma Resource Center，2015）。

1.1.5　植原体在介体昆虫内的传播特性

植原体主要是由叶蝉科（叶蝉）、蜡蝉科（蜡蝉）和木虱科等刺吸式口器昆虫传播，它们在植物的韧皮部取食，感染植原体，再传播至下一个取食的植物上。植原体的寄主范围强烈依赖于昆虫介体。植原体编码一个主要抗原蛋白，细胞表面蛋白的绝大多数是由这些抗原蛋白组成的，这些蛋白已被证明与昆虫肠道肌肉的微丝复合体互作，对于植原体传播和侵染是非常重要的（Suzuki et al.，2006；Hoshi et al.，2007）。植原体可以在昆虫介体中或多年生寄主植物中越冬，它们对昆虫寄主可以有很多不同的影响，如可以减少或者增加介体的适应度（Christensen et al.，2005）。植原体通过口针进入昆虫介体的身体，穿过肠，被吸入血淋巴。从这里它们开始定殖唾液腺，这一过程需要几周。从植原体被昆虫占据到植原体在唾液腺达到一定侵染剂量的时间称为"潜伏期"（图 1-3）（Kunkel，1932）。有报道称一些植原体可以经昆虫卵传播，如葡萄带叶蝉（传播翠菊黄化病）（Danielli et al.，1996；Alma et al.，1997），拟菱纹叶蝉（传播桑矮缩病）（Kawakita et al.，2000）。

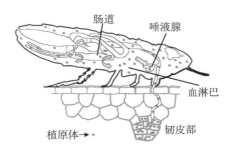

图1-3　植原体在介体昆虫体内的移动 （Hogenhout，2009）

1.1.6　植原体可以通过菟丝子和嫁接传播

　　植原体和一些植物病毒都可以通过菟丝子传播到健康的植物上。尤其是一些传播介体不明确的植原体病害，通过菟丝子将植原体由寄主转传到实验室寄主长春花上是最常见的植原体研究手段，将植原体由一种寄主植物传播到其他植物上进行寄主范围研究也是常用手段之一（图1-4）。植原体也具有嫁接传播的特性，在木本植物植原体病害的研究中该技术应用较广。

图1-4　菟丝子从红醋栗传播植原体到长春花 （Jaroslava et al.，2013）

1.1.7　植原体在植物内的传播

植原体在植物体内的含量呈现季节性波动，一般情况下，春夏季节植原体在植物的幼嫩组织含量较高，如新生的叶和茎秆，而冬季植物显症部分的植原体含量会明显降低，植原体会向下移动至根部。日本学者通过二叉叶蝉将洋葱黄化植原体传播到了茼蒿上，在接种后 1 d，植原体从侵染点转移到植物主茎，2 d 后到达根部和植株顶端，再从顶端向下移动至底部叶片，在接种 14 d 后，植原体主要存在于根部和茎韧皮部组织中，接种 21 d 后，可以侵染整株植株（图 1-5）。

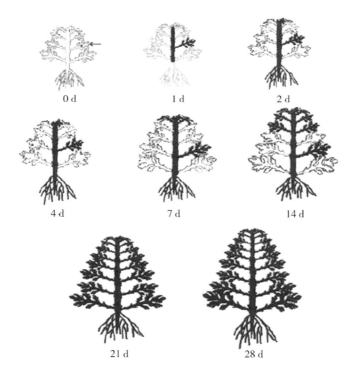

图 1-5　植原体在寄主植物内的移动（Wei et al.，2004）

1.2 植原体检测和鉴定技术研究进展

鉴于植原体不能纯培养，特别是在木本类寄主植物上含量低的特点，开发快速、高灵敏度的检测和鉴定方法对于防治植原体病害有重要的指导意义。同时，也可以加深对植原体类病害的流行病学研究。1967 年日本学者土居养二通过电子显微镜发现了植原体，开启了植物病理学的一个新的研究领域，随着科学技术的进步，研究者逐渐将新的科学研究手段应用到植原体研究中，使植原体的检测研究得到了长足发展。但是由于植原体不能纯培养的特性，人们很难将其从寄主植物中分离出来，从而使各种检测方法都受到了一定的限制。

20 世纪 60 年代开始，对于植原体检测和鉴定技术的研究先后经历了以下几个过程。早期人们对植原体的检测和鉴定主要采用组织学结合生物学的研究方法，其中组织学方法包括应用电子显微镜观察感病组织的超薄切片、应用光学显微镜观察经过迪纳氏（Dienes stain）染色的感病组织徒手切片、应用荧光显微镜观察经过 DAPI 荧光染色的感病组织徒手切片。生物学方法主要是观察发病植物症状特征，调查寄主范围、昆虫介体并应用四环素或者土霉素进行抗生素试验。这些研究方法耗时费力，结果也容易出现错误。80年代后血清学方法和分子杂交方法的加入，极大地推进了植原体的检测和鉴定研究。90 年代，PCR 技术的应用除了增加了检测的灵敏度外，也简化了检测过程和时间。21 世纪，实时定量 PCR、基因芯片、DNA 条形码等技术在植原体检测和鉴定中也被应用，既增加了植原体检测和鉴定的准确性，又实现了样品检测的批量化，即一次可以同时检测同一病害多个样品或不同病害多个样品。

1.2.1 组织学观察研究技术

1.2.1.1 光学显微技术

初期人们对于植原体病害的研究常常会借助光学显微镜，在光学显微镜下虽然看不到植原体粒子，但是可以观察到植原体引起寄主植物的细胞病理学变化，从而了解植原体与其寄主间的互作。现在的研究中，光学显微镜常常被用于前期结果的观察，更加细微的病理变化需要借助透射或扫描电镜等更先进仪器的帮助。

1.2.1.2　荧光显微技术

植原体没有细胞核明显的核区，应用甲基绿（methyl green）和迪纳氏染色（Dienes stain）都可以显示出植原体的核酸。应用迪纳氏染色法对感病植物茎部徒手切片进行染色发现，健康植株和发病植株木质部组织均为亮蓝色，感病植株韧皮部为天蓝色，健康植株无颜色（图 1-6），该方法适用于植原体含量高的感病植株，鉴定快速准确。

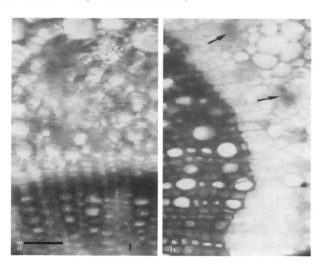

图 1-6　长春花植株徒手切片的迪纳氏染色（Musetti et al.，2004）

a. 健康植株；b. 感病植株。

1.2.1.3　DAPI 荧光染色（DAPI stain）

采用 DAPI 对感病植物徒手切片进行染色，通过荧光显微镜进行观察是植原体研究最常用的组织学手段之一，主要是由于植物组织（如木质部细胞壁）和植物体内化学成分（如酚类）具有导致植物自发荧光的特性。DAPI 具有和双链 DNA 结合的特性，植物自发荧光不能用于植原体检测，但是对比这些自发荧光，经过 DAPI 染色后的感病组织中被染色的植原体会发出弥散的荧光，健康植株中则看不到这些弥散荧光，从而发现植原体存在。目前，利用 DAPI 结合共聚焦激光扫描显微镜，能在不破坏叶片的条件下，在活体植物内检测植原体（图 1-7）。

1.2.1.4　透射电镜显微技术

由于植原体没有细胞壁，需要承受来源于植物的渗透压而导致出现不规

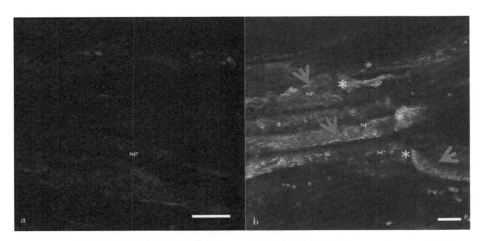

图1-7 共聚焦激光扫描显微镜检测DAPI染色的蚕豆叶片（Musetti et al.，2019）

DAPI荧光在受感染的筛管（箭头所示）中大量存在，在健康的植株中没有DAPI荧光信号。比例尺=10 μm。＊表示筛板，se表示筛管。

则形态，并且植原体粒子大小差异巨大。因此，借助于电子显微镜的高倍放大特性是鉴定植原体的最好方式。目前，在植原体检测中应用较多的电镜技术有超薄切片技术（图1-8）、免疫吸附电子显微技术、超薄切片的免疫电子显微技术（图1-9）、冷冻超薄切片技术。

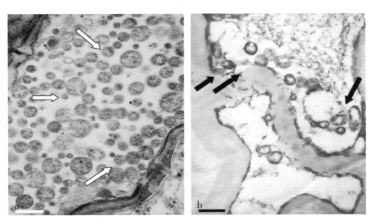

图1-8 超薄切片中观察到的植原体（Musetti et al.，2004）

a. 长春花样品；b. 苹果叶片样品。

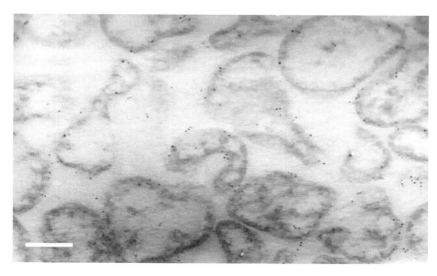

**图 1-9　免疫金标记的长春花样品超薄切片中观察
到的植原体（Musetti et al.，2004）**

1.2.1.5　扫描电镜技术

扫描电镜技术在植原体检测中没有透射电镜技术应用那么广泛，但是也常被用于植原体检测，Lebsky 等应用扫描电镜在木瓜植株韧皮部筛管细胞中观察到短小状、分枝状及丝状等形态的植原体（图 1-10）。

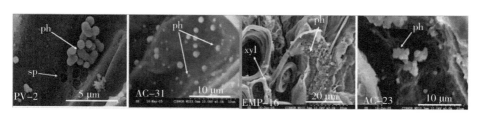

图 1-10　扫描电镜在木瓜组织中观察到的植原体（Lebsky et al.，2010）
PV-2 和 AC-31，田间样品；EMP-16 和 AC-23，索引植物；
箭头指示：ph-植原体；sp-筛孔；xyl-木质部。

1.2.2　血清学检测技术

20 世纪 80 年代以来，很多科学家尝试通过提取植原体粒子的方式来制备抗血清，已经制备了十余种单克隆抗体和多克隆抗体，并应用于植原体检

9

测中，这些抗血清已被应用于直接 ELISA、间接 ELISA、DAS-ELISA、斑点杂交、组织免疫印迹杂交、免疫电镜等试验中，应用这些抗血清可以进行寄主植物是否感染植原体鉴定、植原体寄主范围、昆虫介体的研究。应用血清学方法检测植原体的主要优点是可以对样品进行大量检测，操作简单，成本相对较低，缺点是抗体不容易制备，制备的多克隆抗体与寄主植物抗原存在交叉反应，并且多克隆抗体的灵敏度低。

1.2.3　分子检测技术

PCR（Polymerase chain reaction）技术的发明并运用到植原体检测中，极大地推动了这类微生物的研究。目前为止，世界范围内鉴定到的植原体病害有 1 000 多种，几乎均是借助于该技术。PCR 检测技术具有灵敏、快速、简便等优点，灵敏度比 ELISA 高至少 9 个数量级，比核酸杂交要高 3 个数量级。目前，在植原体的 PCR 鉴定中，不同组或者不同亚组的 16S rRNA 基因、tuf 基因、rp 基因、secY 基因等保守基因的通用引物都已经被开发出来。因此，植原体的检测盒鉴定变得程序化。由于植原体在很多寄主植物中含量低，在 PCR 检测过程中常常用到半巢式 PCR 和巢式 PCR，其中在 16S rRNA 基因和 rp 基因的扩增中最为常用，这样增加了 PCR 检测的灵敏度，缺点是也产生了污染的可能性。

1.2.3.1　保守基因的 RFLP 分析

基于 16S rRNA 测序结果进行的系统发育分析，可以完成植原体组的分类。但是亚组的分类就需要引入更多的分子证据，如 tuf 基因、rp 基因、secY 基因等保守基因。但是基于这些基因的系统发育分析也只是能够明确大体的分类地位，明确的分类地位确定就需要在植原体存在的情况下，应用限制性酶切片段多态性（RFLP）来区分，尤其对于新的分类单元和亚组更是需要进行 RFLP 分析来确认。虚拟 RFLP 的开发大大节省了操作时间和降低了成本，但是对于有差异的多肽位点来说 RFLP 分析还是必不可少的。

1.2.3.2　T-RFLP 技术

植原体传统的鉴定是基于 16S rRNA 的通用引物。然而对这一区域的扩增经常会扩增到近缘物种的片段，从而产生假阳性。末端限制性片段多态分析（T-RFLP）是 1997 年发明的一项技术，该技术是基于 DNA 限制性酶切位点的位置来描述微生物菌群。包括以下步骤：首先利用含有荧光标签引物来进行 PCR 扩增，随后用一种或者多种限制性内切酶切割，再利用高分辨率凝胶电泳分离片段，最后检测带荧光标签的片段产物。这种产物叫作末端限制性片段（TRFs）。在修改后的 T-RFLPs 方法中，每个 TRFs 可以代表一个单一不同的 16Sr 组。这样检测结果可以跟标准的不同组的 TRFs 进行比对，从而得出植原体所在的组。为了进一步排除假阳性，同样的方法可以用于 23S rRNA 基因（图 1-11）。

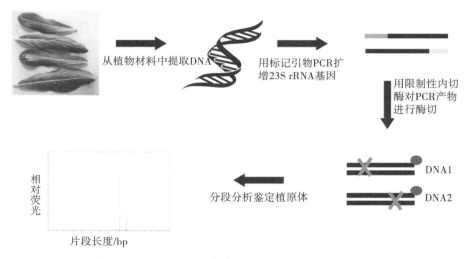

图 1-11　T-RFLP 操作流程（Hodgetts et al.，2013）

1.2.3.3　实时荧光定量 PCR

很多传统的 PCR 都涉及巢氏 PCR，通过巢氏 PCR 可以提高检测的灵敏性。然而，这种方法必然增加污染和错配的概率。实时荧光定量 PCR 已经被证明在灵敏性上等于甚至优于巢氏 PCR（Christensen et al.，2004）。同时，实时荧光定量 PCR 对污染有一定的耐受度。尽管有一些实时荧光定量 PCR 可以检测某些组的植原体，但过去的应用不多（Christensen et al.，2004；Hodgetts et al.，2009）。

（1）荧光染料法

实时荧光定量 PCR 是基于测量在扩增过程中的荧光强度。目前常用的有两种：荧光染料和荧光探针。SYBR Green$^©$是最常用的荧光染料，可以和 DNA 双链结合，其缺点是不能特异地结合到扩增产物中，进而导致假阳性结果。

（2）荧光探针法

荧光探针，例如 TaqMan 探针可以保证更高的特异性，它不仅可以与引物杂交，还可以与产物杂交。植原体在不同的组织和季节分布上有很大的差异，因此定量分析植原体很重要。此外，定量分析植原体也可以有效寻找抗植原体的物质材料。在进行植原体的定量分析时，已知浓度的标准质粒是必需的。植原体的定量分析检测的程序基本上基于 Christensen 等（2004）确定的方法。该方法可以定量检测一品红不同器官或组织的植原体，也被证明可以检测其他植物。还有一些程序应用 Hodgetts 等（2009）设计的引物，但是这些引物不能扩增 16S rRNA 基因，建立的标准曲线也不能通用，还需要进一步优化。

1.2.3.4　基因芯片技术

目前基于 16S rRNA 基因的植原体鉴定主要通过巢式 PCR，大部分采用通用引物 P1/P7（Deng et al.，1991；Smart et al.，1996）和 R16F2n/R16R2（Gundersen et al.，1996），并结合限制性片段长度多态性（RFLP）和高分辨率凝胶电泳（Lee et al.，1998）。这一方法较为烦琐，需要专业技术，并且需要许多参考株系。

DNA 微阵列技术是鉴定、区分包括植物病原物在内的微生物的有力工具，该方法可以同时鉴定多种生物。例如，线虫（François et al.，2006）、真菌（Nicolaisen et al.，2005；Lievens et al.，2006）、细菌（Pelludat et al.，2009；Fessehaie et al.，2003）、植原体（Nicolaisen et al.，2007）和病毒（Boonham et al.，2007）。建立微阵列检测体系的关键是探针设计。短的探针（15~25 nt）检测灵敏度较低，但是能更好区分微小的序列差异。较长的探针（>50 nt）检测灵敏度更高，但是难以区分有微小差异的序列。理想上，阵列上的所有探针都有着相同的退火温度。目前针对植原体的 DNA 微阵列检测主要基于 Nicolaisen 等（2007）的方法，该方法能用短的 DNA 探针检测大部分植原体。但是该方法中探针数量较少，为了提高检测的可靠性，还可以根据不同组的植原体设计特异性的检测探针。

1.2.3.5　DNA 条形码技术

DNA 条形码技术是一种用短的 DNA 序列进行物种鉴定的技术（Hebert et al.，2004；Hebert et al.，2003）。简单地说，就是从待鉴定的生物中提取 DNA，用一系列通用引物进行扩增、测序，最终将序列与标准数据库中的序列进行比较，从而确定样品的分类地位。这一方法基于以下几个假设：①DNA 条码在所有物种中均存在；②通过一套通用引物能在所有物种中扩增出 DNA 条码区域；③不同物种间的序列差异要远大于同一物种不同个体间的序列差异；条码区域相对较短以利于快速测序。该方法的主要优势是不需要进行形态学鉴定，DNA 能从不同来源的样品中提取，包括环境样品和保藏样品，且方法是通用的。该方法的局限在于有可能因操作污染导致鉴定错误，另外对提取的样品 DNA 浓度也有要求。

利用 DNA 条形码检测植原体需要注意的是：首先，植原体 DNA 在植物 DNA 中所占比例很小；其次，植原体常常与其他细菌共同存在，所用的引物必须不能扩增植物 DNA 和其他无关细菌的 DNA。在许多被测试的区域中，基于 *tuf* 基因和 16S rRNA 基因的两个条形码最终被证明可以克服以上困难，能应用于植原体鉴定。目前应用 DNA 条形码鉴定植原体的流程为：从疑似感染植原体的植物中提取 DNA，巢式 PCR 扩增 DNA 条形码，测序，序列分析和组装，网络在线鉴定。当样品中存在混合侵染时，必须通过分子克隆来分离扩增序列，再进行测序和分析，DNA 条形码技术操作基本流程见图 1-12。

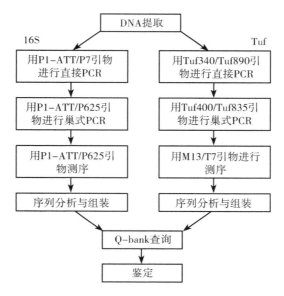

图 1-12 植原体鉴定 DNA 条形码技术操作流程（Makarova et al.，2013）

1.3　基于多个保守基因的植原体分类现状

植原体在 40 多年前被发现以来，人们一直在尝试培养植原体，但目前尚未成功。传统的用于原核生物的研究方法对于植原体都不适用，因此植原体的分类地位很难确定。柔膜菌纲系统是过去 20 年间建立起来的分类系统，其基于表型的、基因型的、系统发育学的标准对柔膜菌纲成员进行分类（Weisburg et al., 1989; Murray et al., 1990; Vandamme et al., 1996）。基于对 16S rRNA 和其他保守基因的系统发育学研究，将植原体归入柔膜菌纲（Lim et al., 1989; Namba et al., 1993; Gundersen et al., 1994; Seemüller et al., 1998; Lee et al., 2000; Lee et al., 2006a; Zhao et al., 2005; Martini et al., 2007; Hodgetts et al., 2008）。由于缺乏表型标准，植原体的分类在极大程度上依赖于分子特征和系统发育学。过去 20 年的研究已经证明，在植原体的鉴定中，以分子为基础的分析比生物学标准更准确、可靠（Lee et al., 2000）。PCR 的发明应用使植原体的检测和鉴定更为灵敏（Lee et al., 2000）。

1.3.1　基于 16S rRNA 基因的植原体分类系统

高度保守的 16S rRNA 序列是植原体分类的主要分子依据。根据对 16S rDNA 序列的 RFLP 分析，已鉴定到 19 个 16Sr 组；根据虚拟的 RFLP 分析，鉴定出 30 个组（Lee et al., 1998, 2000; Wei et al., 2007; Mitrović et al., 2011）（表 1-1）。根据这种方法，可以进一步划分出 16Sr 亚组。每个组至少代表一个植原体种（Gundersen et al., 1994）。植原体种的划分主要是基于植原体 16S rDNA 序列的差异，规定 2.5% 的差异作为新种出现的阈值（IRPCM, 2004）。由于 16S rRNA 基因的保守性，这个准则可能无法区分许多明显的生态或生物株系，而其中一些株系是可以作为独立分类单元的。其他一些独特的生物学特征，如昆虫介体、植物寄主，以及分子标准也应当用于物种的划分。基于 16S rRNA 基因序列的流行病学研究表明，在不同地理区域、某一作物的不同栽培种上，许多关系很近的植原体引起了相似的病害。了解各种植原体的相互关系及其生态分布，对于病害控制是很重要的。通常仅依据 16S rRNA 基因序列无法区分这些相近的植原体株系，因此需要应用其他的标记基因。过去十年间，已经有一些保守基因或特异的基因组 DNA 片段作为补充的分子标记区分很相近的植原体株系。

表 1-1　基于 16S rRNA 基因的植原体组分类

16Sr 组	暂定种	代表株系	GenBank 登录号	地理分布
I-A	Ca. Phytoplasma asteris	Aster yellows witches'-broom（翠菊黄化丛枝）	NC_007716	北美洲、欧洲
I-B	Ca. Phytoplasma asteris	Onion yellows（洋葱黄化）	NC_005303	全世界
I-C	Ca. Phytoplasma asteris	Clover phyllody（三叶草绿变）	AF222065	北美洲、欧洲
I-D	Ca. Phytoplasma asteris	Paulownia witches'-broom（泡桐丛枝）	AY265206	亚洲
I-E	Ca. Phytoplasma asteris	Blueberry stunt（蓝莓矮化）	AY265213	北美洲
I-F	Ca. Phytoplasma asteris	Apricot chlorotic leaf roll（杏褪绿卷叶）	AY265211	西班牙
II-A		Peanut witches' broom（花生丛枝）	L33765	亚洲
II-B	Ca. Phytoplasma aurantifolia	Lime witches' broom（青柠丛枝）	U15442	阿拉伯半岛
II-C		Cactus witches' broom（仙人掌丛枝）	AJ293216	亚洲、非洲
II-D	Ca. Phytoplasma australasiae *	Papaya yellow crinkle（番木瓜黄化皱缩）	Y10097	澳大利亚
III-A	Ca. Phytoplasma pruni *	Western X disease（西方 X 病）	L04682	北美洲
III-B		Clover yellow edge（三叶草黄化）	AF189288	美国、亚洲、欧洲
IV-A	Ca. Phytoplasma palmae *	Coconut lethal yellowing（椰子致死性黄化）	AF498307	佛罗里达、加勒比
IV-B	Ca. Phytoplasma palmae *	Phytoplasma sp. LfY5（PE65）-Oaxaca	AF500334	墨西哥

（续表）

16Sr 组	暂定种	代表株系	GenBank 登录号	地理分布
IV–D	*Ca.* Phytoplasma palmae *	*Carludovica palmata* leaf yellowing（巴拿马草叶黄化）	AF237615	墨西哥
V–A	*Ca.* Phytoplasma ulmi	Elm yellows（榆树黄化）	AY197655	北美洲、欧洲
V–B	*Ca.* Phytoplasma ziziphi	Jujube witches' broom（枣疯病）	AB052876	亚洲
V–C	*Ca.* Phytoplasma vitis *	Alder yellows（桤木黄化）	AY197642	欧洲
V–G		Jujube witches' broom related（枣疯病相关）	AB052879	亚洲
VI–A	*Ca.* Phytoplasma trifoli	Clover proliferation（三叶草增殖）	AY390261	北美洲、亚洲
VII–A	*Ca.* Phytoplasma fraxini	Ash yellows（梣黄化）	AF092209	北美洲
VIII–A	*Ca.* Phytoplasma luffae *	Loofah witches' broom（丝瓜丛枝）	AF353090	中国台湾
IX–A		Pigeon-pea witches' broom（木豆丛枝）	AF248957	美国
IX–D	*Ca.* Phytoplasma phoenicium	Almond witches' broom（扁桃丛枝）	AF515636	中东
X–A	*Ca.* Phytoplasma mali	Apple proliferation（苹果增殖）	AJ542541	欧洲
X–C	*Ca.* Phytoplasma pyri	Pear decline（梨树衰退）	AJ542543	欧洲
X–D	*Ca.* Phytoplasma spartii	Spartium witches'-broom（鹰爪豆丛枝）	X92869	欧洲
X–F	*Ca.* Phytoplasma prunorum	European stone fruit yellows（欧洲核果类黄化）	AJ542544	欧洲

（续表）

16Sr 组	暂定种	代表株系	GenBank 登录号	地理分布
XI–A	*Ca.* Phytoplasma oryzae	Rice yellow dwarf（水稻黄矮）	AB052873	亚洲、非洲、欧洲
XII–A	*Ca.* Phytoplasma solani *	Stolbur（葡萄黄化）	AJ964960	欧洲
XII–B	*Ca.* Phytoplasma australiense	Australian grapevine yellows（澳大利亚葡萄黄化）	L76865	澳大利亚
XII–C		Strawberry lethal yellows（草莓致死性黄化）	AJ243045	澳大利亚
XII–D	*Ca.* Phytoplasma japonicum	Japanese hydrangea phyllody（日本绣球花绿变）	AB010425	日本
XII–E	*Ca.* Phytoplasma fragariae	Strawberry yellows（草莓黄化）	DQ086423	欧洲
XIII–A		Mexican periwinkle virescence（墨西哥长春花绿变）	AF248960	墨西哥、佛罗里达
XIV–A	*Ca.* Phytoplasma cynodontis	Bermudagrass whiteleaf（百慕大草白叶）	AJ550984	亚洲、非洲
XV–A	*Ca.* Phytoplasma brasiliense	Hibiscus witches' broom（木槿丛枝）	AF147708	巴西
XVI–A	*Ca.* Phytoplasma graminis	Sugar cane yellow leaf（甘蔗黄叶）	AY725228	古巴
XVII–A	*Ca.* Phytoplasma caricae	Papaya bunchy top（番木瓜束顶）	AY725234	古巴
XVIII–A	*Ca.* Phytoplasma americanum	Potato purple top wilt（马铃薯紫顶萎蔫）	DQ174122	北美洲
XIX–A	*Ca.* Phytoplasma castanae	Chestnut witches' broom（栗丛枝）	AB054986	日本
XX–A	*Ca.* Phytoplasma rhamni	Buckthorn witches' broom	X76431	德国

（续表）

16Sr组	暂定种	代表株系	GenBank 登录号	地理分布
XXI－A	*Ca.* Phytoplasma pini	Pine shoot prolifera-tion（松树增殖）	AJ632155	西班牙
XXII－A *	*Ca.* Phytoplasma cocosnigeriae	Coconut lethal decline（椰子致死性衰退）	Y14175	西非、莫桑比克
XXIII－A		Buckland valley grape-vine yellows（巴克兰谷葡萄黄化）	AY083605	澳大利亚
XXIV－A		Sorghum bunchy shoot（高粱束顶）	AF509322	澳大利亚
XXV－A		Weeping tea witches' broom（垂枝茶树丛枝）	AF521672	澳大利亚
XXVI－A		Sugar cane phytoplasma D3T1（甘蔗植原体 D3T1）	AJ539179	毛里求斯
XXVII－A		Sugar cane phytoplasma D3T2（甘蔗植原体 D3T2）	AJ539180	毛里求斯
XXVIII－A		Derbid phytoplasma（蜡蝉植原体）	AY744945	古巴
XXIX－A *	*Ca.* Phytoplasma allo-casuarinae	*Allocasuarina muelleri-ana* phytoplasma（木麻黄植原体）	AY135523	澳大利亚
XXX－A *	*Ca.* Phytoplasma cocostanzaniae *	Tanzanian lethal decline（坦桑尼亚致死衰退）	X80117	坦桑尼亚

目前 16S rRNA 基因在植原体分类中应用最为广泛，适合应用于植原体的初步分类。根据植原体 16S rRNA 基因、16S～23S 基因间隔区和部分的 23S rRNA 基因序列，设计了通用引物对，该引物对可以从各种植物和昆虫寄主中，扩增到近全长的 16S rRNA 基因序列（Lee et al., 1993；Namba et al., 1993；Schneider et al., 1993；Gundersen et al., 1996；Smart et al.,

1996）。Schneider 等（1993）和 Lee 等（1993）基于 16S rRNA 基因的 RFLP 分析对植原体进行分类，Lee 等（1993，1998，2000）构建了植原体的 17 种限制性内切酶的图谱。根据 RFLP 图谱相似性系数划分了主要的植原体组（Lee et al.，1998），两个不同组的相似性系数为 90% 或者更低。某一组内亚组的划分主要是基于 1.2 kb 片段上的限制性位点，如果一个未知的植原体株系有一个或者更多的限制性位点不同于已知成员，那么该株系可被划分为新的亚组。限制性图谱会被定期更新（Lee et al.，1998；Lee et al.，2000；Lee et al.，2006b；Montano et al.，2001；Arocha et al.，2005；Al - Saady et al.，2008；Zhao et al.，2009），目前有 19 个植原体组和大约 50 个亚组。这些组的划分情况和系统发育树（根据 16S rRNA 基因序列构建）呈现出的结构近乎等同。每个组至少代表一个植原体种（Gundersen et al.，1994）。Wei 等（2007，2008）和 Zhao 等（2009）基于电脑模拟的 RFLP，对大量已报道的植原体 16S rRNA 基因序列进行了分析，根据所得的结构，对 RFLP 图谱进行了更新。目前，RFLP 图谱中包含 29 个组和 89 个亚组，每个组都有不同的 RFLP 图谱，这些图谱为植原体参照株系提供了最广泛的图谱参照。通过与这些图谱进行比较，可以根据植原体 16S rRNA 基因或通过虚拟 RFLP 图谱对未知的植原体进行鉴定。当然，虚拟 RFLP 必须要知道 16S rRNA 基因序列。在实践中，如果有大量的样品或者在序列未知的情况下，可以根据实际的 RFLP 酶切图谱进行初步的分类。更新后的 RFLP 图谱是最广泛的植原体分类系统，其为植原体新株系的快速鉴定提供了可靠的分子标记。

　　基于 16S rRNA 基因对植原体进行分类的优点是 16S rRNA 基因非常保守，能够设计通用引物进行扩增，GenBank 数据库中的大量序列也为系统发育分析提供了可能。不过由于 16S rRNA 基因太保守，以致其不能很好地区分非常相近但又有明显差异的植原体株系。很显然，一些植原体的亚组中包含着多于一种重要的植原体株系类型。

1.3.2　基于 16S~23S rRNA 基因间隔区（ISR）的植原体分类系统

　　植原体 16S~23S rRNA 基因间隔区（大约 232 bp），包含一段编码序列，其负责编码高度保守的 tRNA^{Ile}。不过，tDNA^{Ile} 和 16S rDNA、23S rDNA 之间的序列变异都非常大。ISR 是区分植原体组和亚组的重要标记。在区分明显不同的植原体株系时，ISR 堪比 16S rRNA 基因序列（Smart et al.，1996）。一方面，由于 ISR 序列太短、信息有限，所以不能用于区分所有的 16Sr 亚组。另一方面，研究发现在一个给定的亚组中，将 16S rRNA 基因和 ISR 结合起来对植原体进行分类，是一个非常有用的工具（Marcone et al.，2000；Padovan et al.，2000；Andersen et al.，2006；Griffiths et al.，1999）。

1.3.3　基于 *tuf* 基因的分类系统

tuf 基因是另一个植原体保守基因，其编码延伸因子 EF-Tu，也被用于植原体区分和分类。1997 年 Schneider 等设计了扩增大部分植原体组 *tuf* 基因的引物，发现像 16S rRNA 基因一样，*tuf* 基因也可以作为植原体组划分的分子标记。翠菊黄化、桃 X 病及僵顶组的植原体，其 *tuf* 基因相似性为87.8%～97.0%。通过 RFLP 分析可以区分植原体的组和亚组。对于不同组植原体的区分能力，*tuf* 基因要稍弱于 16S rRNA 基因（Schneider et al.，1997；Marcone et al.，2000）。但是在一些研究中发现，*tuf* 基因可以用于区分不同的生态株系或者同一 16Sr 亚组的不同株系（Langer et al.，2004）。例如，根据 *tuf* 基因鉴定出了一些 16ⅩⅡ-A 和 16ⅩⅡ-B 亚组的株系（Streten et al.，2005；Andersen et al.，2006；Pacifico et al.，2007；Riolo et al.，2007；Iriti et al.，2008）。

1.3.4　基于核糖体蛋白基因的分类系统

核糖体蛋白基因（*rp*）较 16S rRNA 基因的变异大，能够提供更多的系统发育信息，这一点无疑增强了对植原体分类的能力。在早期研究 16Sr Ⅰ和 16Sr Ⅴ组植原体时，发现根据 *rp* 基因区分亚组不仅能够获得和 16S rRNA 基因一致的结果，还能区分一些 16S rRNA 基因未能区分的株系（Martini et al.，2002；Lee et al.，2004b）。例如，玉米丛矮（MBS）植原体属于16Sr Ⅰ-B 亚组，与 16Sr 组的其他亚组不同，16Sr Ⅰ-B 亚组植物寄主范围较窄、昆虫介体也不同，其形成一个明显的 rp 亚组。相似地，根据几个关键的限制性内切酶，16Sr Ⅴ-C 组植原体可以被进一步划分到不同的 rp 亚组（Martini et al.，2002；Lee et al.，2004b）。

Martini 等（2007）通过分析 12 个 16Sr 组 46 个植原体株系的 *rplV*（*rpl*22）和 *rpsC*（*rps*3）基因序列，构建了系统发育树。该进化树与 16S rRNA 基因序列进化树是一致的，但是显示出更多的亚枝。例如，根据 *rp* 基因能够很容易地区分 3 个暂定种 'Ca. Phytoplasma mali' 'Ca. Phytoplasma pyri' 和 'Ca. Phytoplasma prunorum'，其 16S rDNA 序列的相似性为

98.9%～99.1%，*rp* 基因相似性为 94.3%～94.6%。两个给定的 16S 植原体组，其 16S rDNA 序列的平均序列相似性为 85.0%～96.9%，而其 *rp* 基因序列的相似性仅为 50.4%～83.5%。这种较大的变异使 *rp* 基因更适合于区分植原体株系。

1.3.5　基于 *secY* 基因的分类系统

secY 基因编码蛋白移位酶亚基，是另外一个可以用于区分植原体株系的分子标记。*secY* 基因的可变性和 *rp* 基因很相似。任何两个给定 16Sr 植原体组的 *secY* 基因相似性为 57.4%～76.0%（Lee et al.，未发表）。在 16SrⅠ和 16SrⅤ组，根据 *secY* 基因得到的亚组和 *rp* 基因基本一致（Lee et al.，2004b；Lee et al.，2004a；Lee et al.，2006a；Martini et al.，2007）。*secY* 基因能提供更多信息，也是一个很好的分子标记。

1.3.6　基于 *secA* 基因的分类系统

另一个蛋白转移酶亚基编码基因，*secA* 基因也被用于植原体的分类（Hodgetts et al.，2008）。通过 PCR 获取了 12 个 16Sr 组约 480 bp 的部分 *secA* 基因片段，这些序列两两之间的一致性为 69.7%～84.4%。*secA* 基因对植原体的识别能力与 *secY* 基因和 *rp* 基因相似。

1.3.7　基于其他基因的分类研究

nusA（Shao et al.，2006）、叶酸基因（*folP* 和 *folk*）（Davis et al.，2003）、*dnaB*、*groEL* 在鉴定 16SrⅠ和 16SrⅫ组植原体时起到很好的作用。几个看家基因，如 *dnaA*、*polC*、*dnaE* 也是不错的候选基因。这些基因的变异性与 *secY* 基因和 *rp* 基因相似。

1.3.8　多基因分类系统的前景

植原体是昆虫传播的植物病原物，其能够在植物和昆虫寄主中繁殖（Lee et al.，2000）。因为寄主植物、昆虫介体的敏感性会随植原体株系（甚至同亚组的不同株系）的变化而变化，所以随着时间推移，有寄主植物和（或）昆虫介体造成的选择压力促进了某一植原体种群或有差异的株系的进化或分离。此外，由于寄主植物和昆虫介体地理分布不同，地理环境的差异或许也能加速该过程。植原体、植物寄主和昆虫介体之间的互作造成了植原体生态系统的复杂性。这些因生态环境产生的植原体通常具有独特的生物学特点，比如寄主植物特异性、昆虫介体特异性及症状特异性。一方面，某一病害（如葡萄黄化）与多种植原体种群相关并不常见（Angelini et al.，2001；Leyva-López et al.，2002；Martini et al.，2002；Langer et al.，2004；Lee et al.，2006a；Botti et al.，2007），某些种群可能在某一栽培种或某一地理区域占据主导地位。另一方面，相关的株系（如 'Ca. Phytoplasma asteris'）能够引起不同的病害，造成不同的症状（Lee et al.，2004a）。对于流行病学研究，弄清楚与不同病害相关的生态株系是很必要的。基于 16S rRNA 基因的分类系统不能很好地区分非常相近的株系，这一缺陷导致了在常规植原体分类中对其他分子标记的需求。这种基于多基因的植原体分类系统为植原体种和株系的鉴定提供了很多好的标准。

对于植原体种的区分，国际比较菌原体研究计划署（International Research Program of Comparative Mycoplasmology，IRPCM）规定以 16S rRNA 基因的序列一致性为基准，其阈值为 97.5%。对于一致性>97.5% 的株系，没有具体的再分标准，但是一致性<97.5% 是划分新种、新株系的必要条件。另外提到的几个其他的分子标记，则可作为标准的系统发育参数，用于区分相近的但又明显有差异的株系。已经证明，将 16S rRNA 基因和其他一个或多个分子标记结合，能够很好地区分两个很相近的株系，如 16S rRNA 和 secY、16S rRNA 和 rp 或者 16S rRNA 和 secA（Lee et al.，2004b；Lee et al.，2004a；Lee et al.，2006a；Martini et al.，2007；Hodgetts et al.，2008）。16S rRNA 结合 ISR 也能用于区分一些很相近的株系，而这些株系单独根据 16S rRNA 基因是无法区分的（Langer et al.，2004）。这些标记基因的变异性，使其可以很好地区分相近的株系或某一株系的变体。如同 16S rRNA 基因，也可以决定出这些分子标记的阈值。最近，*secY*、*map* 和 *uvrB-degV* 基因被用于区分 3 个 flavescence dorée（葡萄金黄化病）植原体和感染葡萄藤、桤木的 16Sr V 组植原体（Arnaud et al.，2007）。

1.3.9 植原体系统分类中存在的问题

分子工具如单克隆抗体、DNA 探针、PCR 检测，很大程度上取代了传统的基于生物学特征的植原体研究方式，并且极大地方便了植原体病害的诊断，促进了植原体的鉴定研究。在过去 15 年，基于植原体的 16S rRNA 基因序列，已经鉴定出超过 1 500 个植原体株系。基于 GenBank 中 16S rRNA 基因序列的系统发育学研究表明，植原体具有共同的祖先，其与 *Acholeplasma* spp. 关系密切，而且在自然界中具有极大的多样性（Wei et al.，2007；Wei et al.，2008；Zhao et al.，2009）。由于植原体无法培养，且没有可用的表型学标准，因此，植原体的分类学研究不得不依赖于其分子特征和系统发育学，目前主要是基于 16S rRNA 基因。采用 Murray 等（1994）提出的用于不可培养微生物的分类学系统。目前为止，根据 IRPCM（2004）的标准，已有 28 个暂定种被命名。不过，取代 'Candidatus（Ca.）Phytoplasma' 对植原体进行正式命名，是国际植原体工作组的最终目标。

系统发育学研究的进展以及大量基因组测序工作的完成，使人们对基因组结构、基因组多样性的决定因素、细菌的表型特征都有了更深入的了解。也因而使原核生物的现代分类学前景发生了变化（Woese et al.，1980；Woese，1987，2000；Murray et al.，1990；Vandamme et al.，1996；Stackebrandt et al.，2002；Stackebrandt，2007；Brown et al.，2007）。人们一致认为，应用保守的 16S rRNA 基因作为系统发育学研究的参数，对细菌进行分类，取代了传统的复杂的基于 DNA－DNA 同源性的方法（http：//www. bergeys. org／；Brown et al.，2007）。基于目前适用的 16S rRNA 基因序列，Stackebrandt 等（1994）发现，当细菌的序列一致性<97%时，基因组DNA 非重新组合的可能性>60%，并且与 DNA-DNA 杂交的方法无关。这一发现表明，一致性97%可以作为划分细菌新种的阈值，从而替代传统的通过 DNA-DNA 杂交评估细菌基因组同源性。

随着 DNA 测序技术的发展，包括植原体在内的大量细菌基因组序列将被获得。通过比较基因组学的研究，与生化、表型、生物特征相关的不同水平的分子标记将被开发，用于属、种、株系的界定描述。预计分子方法将是细菌检测和鉴定的主要方法，基于分子方法对细菌种类的界定和描述，将会形成一种进化上明确有效的标准，从而有别于传统的基于主观表型描述的标注。在命名前必须获取细菌绝对纯净的培养物也变得没有意义，因为分子方法仅仅基于细菌的基因组序列，而不需要培养物。

基于分子系统，或许可以最终建立正式的植原体系统分类，在细菌分类中使用的97%一致性阈值，也应当用于不可培养的植原体。许多植原体暂定种，尤其是那些基因组序列已经清楚的植原体，已经被命名为正式的种。已有证据表明，以97%为阈值筛选新的种，或许会将许多不符合标准的株系排除在外，但同样也保证了被命名的种独特的生物学特性（Fox et al.，1992）。在细菌分类时，依据多种系统发育学参数或许能够帮助克服只用 16S rRNA 基因参数的缺陷。选择的多个分子标记也将最终在株系、种或更高水平上区分植原体。当前对于细菌而言，正式的基于分子的分类学系统尚未确立，但对于不可培养的植原体，该系统却不可避免地成为焦点。

1.4 植原体功能基因组和致病机理研究

1.4.1 已测序的植原体基因组

由于植原体不能体外培养，所以很难分析其侵染系统或致毒机制。近年来测序技术的发展，使获得不可培养微生物的全基因组序列成为可能。目前为止，已测定了 5 个植原体全基因组序列（Bai et al.，2006；Andersen et al.，2013；Oshima et al.，2004；Kube et al.，2008；Tran-Nguyen et al.，2008）（表 1-2）。在植原体的基因组中有 500~840 个基因，其中 40%~50% 编码假蛋白。植物病原细菌通常拥有不同类型的致病基因（Jones et al.，2006；Abramovitch et al.，2006），这些致病基因在染色体上形成"致病岛"。一种Ⅲ型分泌系统对于许多病原细菌是必需的，该系统可以将效应蛋白转移到寄主细胞内（Grant et al.，2006）。然而，植原体的基因组中没有任何已知的致病基因的同源基因，表明植原体与植物之间以不同的机制产生互作（Oshima et al.，2002；Oshima et al.，2004；Oshima et al.，2007）。植原体没有细胞壁且严格寄生于寄主细胞内，因此植原体的膜蛋白或分泌蛋白可能直接作用于植物或昆虫介体的细胞质（Hogenhout et al.，2008）。因此，了解植原体的膜蛋白或分泌蛋白对于理解植原体与寄主互作很关键。

表 1-2 5 个植原体全基因组的基本特性

暂定种	‘Ca. Phytoplasma asteris’	‘Ca. Phytoplasma asteris’	‘Ca. Phytoplasma australiense’	‘Ca. Phytoplasma australiense’	‘Ca. Phytoplasma mali’
株系	OY-M	AY-WB	PAa	SLY	AT
基因组大小/kb	860 630	706 569	879 324	959 779	601 943
基因组结构	环状	环状	环状	环状	线状
G+C 含量/%	28	27	27	27	21.4
蛋白编码区/%	73	72	74	78	78.9

（续表）

暂定种	'Ca. Phytoplasma asteris'	'Ca. Phytoplasma asteris'	'Ca. Phytoplasma australiense'	'Ca. Phytoplasma australiense'	'Ca. Phytoplasma mali'
株系	OY-M	AY-WB	PAa	SLY	AT
有指定功能的蛋白编码基因	446	450	502	528	338
保守的假设基因	51	149	214	249	72
假设基因	257	72	123	349	87
基因总数	754	671	839	1126	497
rRNA 操纵子	2	2	2	2	2
tRNA 基因	32	31	35	35	32
染色体外的 DNAs	2	4	1	1	0
GenBank 登录号	AP006628	CP000061	AM422018	CP002548	CU469464

数据来源于 Oshima 等（2004）、Bai 等（2006）、Kube 等（2008）、Tran-Nguyen 等（2008）及 Andersen 等（2013）。

1.4.2　Sec 系统的功能

细菌至少有 5 个独立的蛋白输出系统（Economou，1999）。在大肠杆菌（*E. coli*）中，这些系统分泌不同的蛋白，如毒性蛋白、黏着蛋白、水解酶。在这些系统中，仅 Sec 系统对于细胞是必需的。在枯草芽孢杆菌中，Sec 途径是 4 个运输途径中最重要的（Tjalsma et al.，2000）。

目前对于 *E. coli* 的 Sec 蛋白易位系统了解最为清楚，是由 11 个蛋白和一种 RNA 组成的（Economou，1999）。这些蛋白中，SecY、SecE、SecG 和 SecA 组成易位复合体在质膜上起输出作用。

对于 *E. coli*，SecA、SecY 和 SecE 对于蛋白转运和细胞生活力是必需的（Economou，1999），在体外培养的条件下，可以通过这 3 种蛋白获得蛋白易位能力（Akimaru et al.，1991），而 SecG 是不必要的。SecYEG 异质复合体形成跨膜孔，分泌蛋白 N 端具有信号肽。当一个分泌蛋白表达时，信号识别小体 SRP 能够识别信号肽。在 *E. coli* 中，SRP 由 Ffh 蛋白元件和 4.5S RNA 组成。SRP 将特定蛋白锚定到细胞膜受体 FtsY 中。SecB 是 Sec 系统的伴侣蛋白，主要识别分泌蛋白上的一些模体，延缓其折叠。SecA 能结合分子伴侣锚定的蛋白，将其转运到 SecYEG 复合孔。SecA 通过 ATP 酶活性以渐进式促进蛋白分泌。

在 'Candidatus（Ca.）Phytoplasma asteris' OY 株系中，SecA、SecY 和 SecE 蛋白是 Sec 系统的必要元件（Economou，1999），其编码基因已经确定（Kakizawa et al.，2001；Kakizawa et al.，2004），并且在植原体侵染的植物中证实了 SecA 蛋白的表达（Kakizawa et al.，2001；Wei et al.，2004）。在 AY-WB 株系中，这 3 个基因也被确定（Bai et al.，2006），并且从几个植原体中克隆了 SecY 基因（Lee et al.，2006a）。这些结果表明 Sec 系统在植原体中的存在。

在植原体中发现的一种免疫显性膜蛋白 Amp 在其 N 端具有 Sec 系统的信号序列，该信号序列在 OY 株系中是切割的（Kakizawa et al.，2004），表明 Sec 系统在植原体中起了作用。

1.4.3　植原体分泌蛋白预测

植原体的膜蛋白或者分泌蛋白可能直接作用于寄主植物或昆虫的细胞质。因此，推测植原体的黏着蛋白（adhesins）、蛋白酶和水解酶能够通过 Sec 途径从植原体的细胞质转运到植原体细胞膜或寄主的细胞质，而这些被转运的蛋白可能影响植原体的致病性。因此，鉴定植原体基因组编码的分泌蛋白对于了解植原体—寄主互作很有必要。

一般有 Sec 系统分泌的蛋白在其 N 端会有信号肽。这些信号肽包含 3 个部分：拥有至少一个精氨酸或赖氨酸、带正电的 N 端结构域；一个疏水的核心结构域，形成 α 螺旋，穿过细胞内膜；一个 A-X-A 保守序列作为信号肽酶 I（SPase I）裂解位点，在该位点的两个丙氨酸残基可以被小的、不带电的残基取代，如缬氨酸、亮氨酸、异亮氨酸等（Tjalsma et al.，2000）。所预测的 OY Amp 与一般的 Sec 系统信号肽非常相似，OY Amp 似乎是由植原体和 E. coli 的 Sec 系统分泌并伴随信号序列加工。这一点表明，植原体和 E. coli 在信号序列识别机制中的共性（Kakizawa et al.，2004）。进而表明，预测系统如 SignalP（Nielsen et al.，1997）或 PSORT（Nakai et al.，1991）可以识别植原体的信号肽，能够用于植原体分泌蛋白的鉴定。无论是细胞膜锚定蛋白还是分泌到寄主细胞质的蛋白，这两种植原体分泌蛋白都能够直接和寄主产生互作，从而扮演重要角色。因此，鉴定植原体分泌蛋白、明确其功能对于阐述植原体—寄主互作很关键。目前已有研究表明，'Ca. Phytoplasma asteris' AY-WB 株系分泌一种蛋白以植物细胞核仁为靶标，因此该蛋白可能与植原体毒性有关（Bai et al.，2009）。

1.4.4　植原体其他蛋白分泌系统

动植物上的许多革兰氏阴性病原物具有Ⅲ型分泌系统（T3SS），能够将细菌的毒性"效应因子"蛋白注入寄主细胞（Cornelis et al., 2000）。T3SS和鞭毛在进化上是相关的，它们具有非常相似的基础结构。然而，T3SS和鞭毛都仅存在于革兰氏阴性细菌。植原体属于革兰氏阳性细菌，因此并没有发现 T3SS 的存在。

细菌Ⅳ型分泌系统（T4SS）是动植物病原菌的另一种重要分泌系统。T4SS 构成了一个很大的易位系统家族，其具有纤毛状结构，能够调节 DNA 和蛋白质从包膜转运到细菌或真核细胞中，一般而言，该过程需要细胞间的直接接触（Grohmann et al., 2003）。革兰氏阳性和阴性细菌的耦合转运系统中，有几个序列和 T4SS 的蛋白非常相似；因此，该耦合转运系统和 T4SS 是同源的（Grohmann et al., 2003），研究认为 T4SS 广泛分布于革兰氏阳性和阴性细菌中（Christie et al., 2005）。

然而，植原体没有 T4SS 和菌毛。在植原体基因组中没有 T4SS 和菌毛组成蛋白基因的同源序列，电镜观察也没有发现鞭毛类似结构。这一点与螺原体是不同的，螺原体有鞭毛类似结构（Ammar et al., 2004）。

YidC 参与新合成的膜蛋白与膜的融合过程。在 Sec 系统组成物的纯化过程中发现了 YidC（Scotti et al., 2000）；YidC 可能与 Sec 易位酶关联，将依赖于 Sec 系统的底物蛋白的跨膜区转运到疏水的双分子层（Urbanus et al., 2001）。然而，研究证明仅 YidC 也可以促进跨膜蛋白插入双分子层，表明 YidC 能够独立于 Sec 系统的作用。YidC 仅能使膜蛋白插入膜脂层，不能完成输出蛋白的易位（Dalbey et al., 2000；Samuelson et al., 2000）。YidC 可能的功能是识别膜蛋白疏水区，催化该区转入膜疏水双分子层（Serek et al., 2004）。在植原体 OY、AYWB 基因组中，有一个基因编码 YidC（Oshima et al., 2004；Bai et al., 2006）；因此，植原体可能存在该 YidC 融合系统。因为 *E.coli* 中 YidC 具有重要作用（Samuelson et al., 2000），所以很可能其在植原体中也有重要作用。

1.4.5　植原体的主要膜蛋白

之前的研究表明，在大多数植原体中有一类膜蛋白占了总膜蛋白很大一部分比例，如免疫膜蛋白（IDPs）（Shen et al., 1993）。免疫胶体金标记电镜研究证明 IDP 位于细胞膜外层（Milne et al.，1995）。柔膜菌纲的膜蛋白在细菌和寄主细胞膜的结合过程中可能具有重要作用，因此 IDP 可能与植原体—寄主互作有关。编码 IDP 的基因已经从几个植原体株系中分离得到（Berg et al.，1999；Blomquist et al.，2001；Barbara et al.，2002；Morton et al.，2003；Kakizawa et al.，2004；Kakizawa et al.，2006a）。这些蛋白具有很高的氨基酸和抗原变异。所有的蛋白具有一个中央的疏水区和 1~2 个跨膜域，其中疏水区可能位于植原体细胞的外部。因此免疫显著的膜蛋白可能在蛋白定位后由植原体细胞膜转运至膜外。

IDPs 有明显不同的类型，免疫显著膜蛋白（Imp）、免疫显著的膜蛋白 A（IdpA）；（iii）抗原膜蛋白。这些蛋白之间没有氨基酸序列相似性，且位于基因组不同位置。所有的 IDPs 具有一个疏水区，该区可能位于植原体细胞外部，但是疏水区跨膜的锚定结构是不同的（Kakizawa et al.，2006b）。因此，这 3 种蛋白并非直系同源。第一种类型（IdpA）仅 N 端跨膜区锚定；第二种类型（IdpA）有 N 端和 C 端跨膜区，但都未裂解；第三种类型也有两个跨膜区，但 N 端裂解，只有 C 端起锚定作用（Barbara et al.，2002）。

除了最初的 *IDP* 基因，在西方 X 病植原体（Liefting et al.，2003）和 OY 植原体（Kakizawa et al.，2009）基因组中发现了编码 *imp* 的基因。二者之间 *imp* 序列的同源性很低；而 *imp* 周围的基因结构很保守。相反，基于同源性或者基因组结构查找，在其他植原体的全基因组序列中并没有发现 IdpA（在 WX 中发现的 IDP）的同源基因（Oshima et al.，2004；Tran-Nguyen et al.，2008；Bai et al.，2006；Kube et al.，2008）。另外，在'*Ca. Phytoplasma mali*'的全基因组序列中并没有发现 *amp* 的同源物。这些结构暗示，植原体的祖先中可能有 *imp*，AY 组和 WX 组在进化过程中分别获得了 Amp 和 IdpA。

1.4.6　IDPs 变异和正向选择（Positive selection）

据报道，从几个不同植原体株系克隆得到的 IDPs 具有很高的变异（Barbara et al.，2002；Morton et al.，2003；Kakizawa et al.，2004）。

通常因为功能的限制，和非编码区相比，编码区的序列很少出现较低的一致性。然而，植原体 *IDP* 基因的相似性要比其上游、下游或非编码区低（Barbara et al.，2002；Kakizawa et al.，2004），表明 IDPs 遭受了较强的歧化选择压力。而且，IDPs 的细胞外疏水区域比跨膜区域偶然输出信号序列更加歧化，表明植原体—寄主互作促进了 IDPs 变异（Barbara et al.，2002；

Kakizawa et al., 2004)。此外,有报道称在几个植原体中,*imp* 的序列一致性与 16S rDNA 并无关联,表明 IDPs 的变异反应存在一些除进化时间之外的因素(Morton et al., 2003)。

研究者在 Amp 蛋白上观察到一种正向选择的机制(Kakizawa et al., 2006a)。正向选择意味着某一基因的变异使微生物更好地适应。因此,如果在一个蛋白上观察到正向选择,那么可以推测该蛋白在微生物的进化中具有重要作用,并且直接影响微生物的适应性。之前已报道有许多正向选择的例子(Hughes et al., 1988;Tanaka et al., 1989;Bishop et al., 2000;Jiggins et al., 2002;Urwin et al., 2002;Andrews et al., 2004)。这些蛋白中,大多数对微生物都起到了重要的作用,并且直接影响微生物的适应性。分析正向选择产生的蛋白,对于了解微生物和蛋白的进化具有积极作用(Ohta, 1992)。

大部分正向选择的氨基酸存在于 Amp 中央疏水区域(Kakizawa et al., 2006a)。这一现象说明 Amp 中氨基酸的替换增加了植原体的适应性,同时也说明 Amp 在植原体和植物互作中起到重要作用。Amp 中的正向选择可能是由于植原体和细胞外环境(寄主细胞质)的互作。通过分子进化分析,在几个 *imps* 中发现了正向选择(Kakizawa et al., 2009),表明 *imp* 在植原体和植物互作中具有重要作用。然而,正向选择压力是否来自植物或昆虫寄主尚不清楚。对正向选择压力的详细分析以及阐明 IDPs 变异方式仍是要进一步解决的问题。

1.4.7 Amp 与昆虫微丝形成复合体

据报道,OY 植原体的 Amp 与昆虫微丝之间的互作决定昆虫介体特异性(Suzuki et al., 2006)。OY 植原体定殖于昆虫肠壁周围的内脏平滑肌微丝,在体内或体外培养,Amp 均与 3 个昆虫蛋白、肌动蛋白、肌球蛋白重链和轻链形成复合体。Amp 微丝复合体与叶蝉传播植原体的能力相互关联,表明 Amp 与昆虫微丝复合体在决定植原体传播能力方面具有重要作用。

经常有关于微生物表面蛋白和寄主微丝相互作用的报道。例如,在哺乳动物病原细菌中,如 *Listeria*、*Salmonella* 和 *Shigella*,已有表面蛋白和寄主微丝的互作报道(Tilney et al., 1989;Gouin et al., 1999;Hayward et al., 1999;Tran Van Nhieu et al., 1999;Zhou et al., 1999;Juris et al., 2000;Pantaloni et al., 2001;Delahay et al., 2002;Cossart et al., 2003),且与寄主微丝形成复合体的能力似乎极大地影响对寄主细胞的选择。细菌在受侵染

的上皮细胞质中的移动能力取决于肌动蛋白聚合机制，通过该机制细菌获得推进力从而在细胞质中传播，或传播到连接的上皮细胞（Goldberg，2001）。在 *Shigella* 中，VirG 是一种关键的毒性因子，VirG 与 N-WASP 的互作使其能够基于肌动蛋白进行移动（Suzuki et al.，2002）。包含植原体 Amp、昆虫寄主微丝复合体在内，细菌膜蛋白和寄主细胞微丝的互作是一种常见的对细菌成功侵染起关键作用的系统。

植原体或螺原体对寄主昆虫的侵染包含几个步骤（Hodgetts et al.，2008）。第一步，通过口针，昆虫从植物韧皮部筛管获取细菌，细菌附着于寄主昆虫肠上皮细胞。第二步，细菌进入肠细胞，穿过肠壁进入血淋巴，在血淋巴繁殖循环至其他组织。第三步，细菌在唾液腺中繁殖，在寄主昆虫吸食时，通过口针进入新寄主的韧皮部筛管细胞。之前的研究表明，穿透昆虫肠和唾液腺的能力，是植原体选择寄主昆虫的重要因素（Purcell et al.，1981）。对于螺原体而言，唾液腺是传播中必须穿越的障碍（Markham et al.，1979）。AM 复合体的形成，对于通过寄主障碍是必要的。

Spiroplasma citri 通过肠上皮细胞、*Circulifer tenellus* 通过受体介导的细胞内吞作用侵染寄主昆虫（Kwon et al.，1999）。叶蝉肠上皮细胞的受体可能能够识别特定的植原体膜蛋白。几个 *S. citri* 附着蛋白基因已经被分离，包括免疫膜蛋白（spiralin）（Foissac et al.，1997；Duret et al.，2003）、P58（Ye et al.，1997）、SARP1（Berg et al.，2001）和 pSci6 质粒的 P32（Berho et al.，2006）。有报道称，spiralin 的缺陷变异对其传播能力影响较小（Fletcher et al.，1996），对 spiralin 结合昆虫介体 *Circulifer haematoceps* 糖蛋白的能力影响也较小（Killiny et al.，2005）。尽管没有发现 Amp 和 spiralin 之间的同源性，但是植原体和螺原体的免疫显著性膜蛋白在昆虫介体传播过程中将起重要作用。

研究表明，pSci6 质粒使原先不可传播的 *S. citri* 能够由昆虫传播（Berho et al.，2006）。由 pSci6 编码的 P32 蛋白可能与昆虫传播有关。但是仅将 P32 转入不可传播的 *S. citri* 株系时，该株系仍无法获得传播性。因此，P32 蛋白可能对于昆虫传播植原体是必要的，但是 pSci6 可能还有其他的作用，需要作进一步的分析。在植原体中 AM 复合体对于昆虫传毒是必要的，但是并不能解释整个传毒过程，其他的一些因子也是必要的。此前，一个质粒编码基因 *ORF*3 被认为对昆虫传毒起到重要作用（Oshima et al.，2001a；Oshima et al.，2001b；Nishigawa et al.，2002）。进一步分析 *ORF*3 对于了解昆虫传毒很重要。

1.4.8 Amp-微丝复合体决定昆虫介体特异性

昆虫传播的病原能够对人、动植物造成毁灭性的破坏，因为这些病原能够快速传播至很广的区域。在自然条件下，大多数病原物由特定的昆虫介体传播，即使一些很相近的昆虫也无法取代（Lee et al.，2000；Alavi et al.，2003）。因此，很大程度上一个病原物的破坏范围取决于其昆虫媒介的种类（Lee et al.，2000）。阐述昆虫介体特异性的决定机制有助于迅速区分介体与非介体，进而了解和预防病原物的传播和侵染规律。

通常某一植原体种类会由特定的介体昆虫传播，而植物寄主相对要广泛一些。例如，植原体能侵染至少 98 个科的 700 种植物（Lee et al.，2000；Hogenhout et al.，2008；Lee et al.，2000；Hogenhout et al.，2008），AY 能侵染 39 个科 120 个属中的 161 个种（McCoy et al.，1989）。大部分植原体能够侵染长春花（Lee et al.，1998）。相比而言，介体昆虫的特异性要强的多。例如，*Macrosteles striifrons*（Fallen）传播 OY 植原体，但是不能传播水稻黄矮植原体（*Ca.* Phytoplasma oryzae，RYD strain）。相反 *Nephotettix cincticeps* Uhler 传播 RYD 植原体，但是不能传播 OY 植原体。因此，在自然条件下昆虫介体是影响植物寄主范围的一个很重要的因素。有报道称，OY 植原体 Amp 与昆虫微丝复合体和介体昆虫特异性相关（Suzuki et al.，2006）。因此，AM 复合体对于植原体自然寄主范围以及植原体对作物的破坏程度研究十分重要。

AM 复合体对于昆虫介体特异性很重要，但是仍然有许多不清楚的地方。第一，AM 复合体是否与提到的 3 个步骤有关仍然不清楚。如上所述，植原体在昆虫介体内需要克服两个障碍，但 AM 复合体与哪个壁垒相关尚不清楚。第二，直接与 Amp 作用的蛋白是哪个也存在争议。目前鉴定出 3 种与 Amp 结合的蛋白：肌动蛋白、肌球蛋白轻链以及肌球蛋白重链（Suzuki et al.，2006）。Amp 是否与这 3 种蛋白中的一种结合或者是否还有其他的因子存在还需要进一步研究。第三，为什么 Amp 变异如此大？如上所述，在 Amp 中观察到正向选择，意味着 Amp 中的氨基酸替换物能增强植原体的适应性。虽然已经知道 Amp 的功能之一是与昆虫微丝形成复合体，但是这并不能解释如此高的可变性。有研究报道称寄主和细菌的互作促进了细菌膜蛋白的变异（Deitsch et al.，1997）。以 *Borrelia burgdorferi* 的膜蛋白 OspC 为例，OspC 是一种附着蛋白，在侵染过程中具有重要作用，其必须与寄主发生协同进化，不断改变自己以适应不同的寄主。基于这些例子，可以推及植原体的差异选择压力，如避免昆虫介体的免疫系统或者附着于植物蛋白等适应性，这些对于病原物来说是完成侵染非常重要的一步（Andrews et al.，2004）。为了解 Amp 产生正向变异的原因、明确其功能与变异的关系，还有许多工作需要做。

1.4.9　植原体致病机理研究进展

　　植物被植原体感染后的一个常见症状就是花变叶，即花呈现出类似于叶片的结构。研究证明，翠菊黄化植原体 AY-WB 株系基因组编码的 SAP54 蛋白是与此相关的，在拟南芥中超表达该基因，可以引起拟南芥产生花变叶症状（Maclean et al.，2011），此后研究者证明植原体的分泌蛋白 SAP54 是通过影响植物中的 MADS 家族基因而引起的花器绿变现象（Maejima et al.，2014）。植原体侵染植物后常常引起植株叶片黄化，该现象被认为是植原体抑制了光合系统 II 的发生，降解了叶绿素和类胡萝卜素的同时抑制了它们的生物合成途径（Bertamini et al.，2001）。研究者证明，洋葱黄化植原体编码的 *tengu* 基因，其编码一个大小为 4.5kD 的成熟蛋白，将该基因转入本氏烟草和拟南芥中可引起植株产生丛枝和矮缩症状，并且在转基因的拟南芥中超过 900 个基因的表达水平发生了变化，由此证明 *tengu* 基因是与植物感染植原体后表现丛枝和矮缩相关的（Hoshi et al.，2009）。Hogenhout 实验室于 2006 年完成了翠菊黄化植原体 AY-WB 株系的全基因组测序，全基因组注释表明假定的 693 个蛋白中 56 个可以分泌到寄主细胞质中，这些分泌蛋白被命名为 SAP（secreted AY-WB proteins，SAP），其中的第 11 号蛋白 SAP11 被证明定位于植物细胞核中，是植原体与寄主互作的效应蛋白，SAP11 可以调控植物防御素合成并影响植物发育（Sugio et al.，2011）。

　　植原体侵染一品红植株后使植株产生腋芽增多、多花、个小等优秀园艺性状，同时绿色花朵在自然界也是非常少见的，因此植原体侵染植物后产生的优秀园艺性状越来越引起人们的重视，其存在着潜在的商业应用（Bertaccini et al.，1996；Lee et al.，1997；Maejima et al.，2014）。

1.5　研究的目的和总体思路

1.5.1　研究目的和意义

　　植原体（Phytoplasma）是一类由刺吸式口器昆虫传播（叶蝉、木虱

等），严格寄生于植物韧皮部、无细胞壁的原核生物。虽然 Contaldo 等
（2012）报道了植原体的纯培养方法，但该方法在植原体研究中并未得到广
泛应用。因此，目前对植原体分类的研究工作，主要还是依据对保守基因的
系统发育分析和限制性酶切多态性分析（RFLP）。

陕西省地处中国西北，位于东经 105°29′ ~ 111°15′ 和北纬 31°42′ ~
39°35′。其地势特点是南北高、中部低、南北狭长，海拔 500 ~ 2 000 m。北
山和秦岭把陕西省分为三大自然区域：北部是陕北高原，中部是关中平原，
南部是秦巴山区。省内气候差异很大，由北向南渐次过渡为温带、暖温带和
北亚热带。独特的气候类型和地理位置使陕西成为中国农业大省。陕西以种
植粮食作物和特色水果为主，其中陕北盛产马铃薯、小杂粮和红枣，关中是
中国优质小麦产区，也是中国优质苹果产区和猕猴桃产区。陕西是中国苹果
种植面积和产量最大的省份，陕南出产水稻和柑橘。以农业为主的种植模
式，丰富的植被资源和独特的气候类型，特别适合叶蝉、木虱等昆虫的繁
衍，因此陕西成为植原体病害的易发区和多发区。枣疯病和泡桐丛枝病在陕
西发生最为普遍，从榆林至汉中均有分布，也使相关病原物传播到其他寄主
植物上成为可能。我国对植原体类病害的研究起步较晚，植原体的检测以及
植原体种及种以下分类研究仍是我国植原体研究的热点。

本研究以明确陕西省植原体种、株系多样性为目标，利用可用于植原体
系统发育研究的标记基因，如 16S rRNA 基因，rp 基因，$secY$ 基因，tuf 基因
等开展陕西省植原体多样性研究，对丰富西北地区植原体研究具有重要的现
实意义，对相关病害防治具有指导意义。

1.5.2　研究的总体思路

对陕西全域植原体病害进行调查和样品采集；对采集的样品进行组织学
试验，采用透射电子显微镜技术观察感病植株组织内植原体粒子分布和粒子
形态。对采集的样品进行植物总 DNA 提取，利用植原体 16S rRNA 基因和核
糖体蛋白质基因（rp）的通用引物进行目标基因的克隆，将扩增的目标基因
纯化、克隆和测序；将测序结果与 NCBI 中已公布的其他植原体株系的 16S
rRNA 基因和 rp 基因序列进行比对，并进行系统发育分析，初步确定其分类
地位，然后根据测序结果对 16S rRNA 基因和 rp 基因进行虚拟的 RFLP 分
析，确定其确切分类地位（所属的组和亚组）。采集发病区内的可疑昆虫，
结合 PCR 检测和电子显微镜观察带毒传毒情况，确定植原体传播媒介；对
木本和草本感病作物进行植原体病害传播试验，木本植物采用嫁接试验验

证，草本植物采用菟丝子传毒试验验证；利用分子生物学技术，明确田间寄主范围，对初侵染源和传播途径进行分析研究，明确西北干旱半干旱地区农作物植原体的寄主范围、传播途径及流行规律。研究所采取的技术路线如图1-13所示。

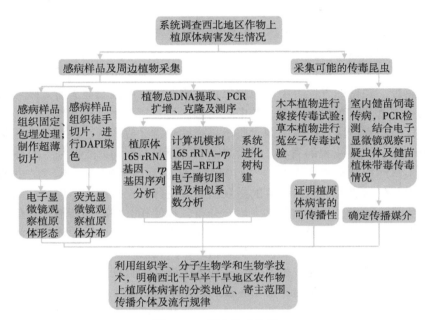

图1-13 研究技术路线

第 2 章　陕西省植原体病害种类鉴定与分析

2.1　陕西省植原体病害种类鉴定

　　1967 年，日本学者土居养二首次在表现黄化萎缩病症状的桑树中发现植原体。迄今该病害在世界范围内已经造成数千种植物病害。感病植物主要表现为植株黄化、衰退、花器绿变、花变叶、丛枝、小叶等症状，所侵染植物包括大田作物、蔬菜、观赏植物、田间杂草等。我国在这方面研究起步较晚，世界上报道的植原体病害已经超过了 1 000 种，但我国只报道了 100 种左右（常文程 等，2012），还不到世界的 1/10，证明我国在植原体鉴定方面的研究滞后于世界其他国家。我国幅员辽阔，植物资源丰富，气候类型多样，是植原体病害的易发生地。因此，开展植原体多样性研究具有重要的植物病理学意义和生产指导意义。

　　在已发现的 100 多种植原体病害中，只对枣疯病、泡桐丛枝病和小麦蓝矮病及其相关的植原体开展了全面系统的研究工作，包括病害的分布、相关植原体的分类地位、不同地区间的多样性、传播介体、寄主范围等；并完成了小麦蓝矮植原体的基因组测序（Chen et al.，2014）和泡桐丛枝植原体染色体全长定位（杨毅 等，2011）。蔡红（2007）完成了云南省植原体多样性的系统研究，车海彦（2010）完成了海南省植原体多样性的系统研究。这两个省份发生植原体类型以花生丛枝组（16Sr II 组）为主，翠菊黄化组（16Sr I 组）次之，榆树黄化组（16Sr V 组）和僵顶组（16Sr XII 组）偶有发生，与我国台湾省植原体发生情况类似。

　　陕西南北狭长，气候类型多样，其中陕北盛产马铃薯、杂粮、大枣；关中为小麦产区，盛产苹果、猕猴桃；陕南主产水稻和柑橘。之前的研究证明小麦蓝矮病在关中地区普遍发生，而且寄主范围多样（顾沛雯 等，2007），枣疯病在陕北和关中地区发生非常严重，并且可以传播到三叶草、杏树、李树等植物上（Li et al., 2009；Li et al., 2010b；Li et al., 2010a）。本研究对陕西省内植原体多样性进行研究，明确相关植原体的分类地位、分布情况、主要流行株系、可能寄主范围和传播介体。

2.1.1 材料与方法

2.1.1.1 植原体病害样品采集

植原体侵染植物后会表现出明显的病症，依据病症，于2010—2014年对陕西省榆林市的横山县（今横山区）、米脂县、吴堡县、清涧县、子洲县，延安市的延安县（今宝塔区）、安塞县（今安塞区）、志丹县、吴起县、富县、洛川县、宜川县、黄陵县、宜君县，铜川市的王益区、印台区、耀州区，渭南市的华县、潼关县、蒲城县、澄城县、白水县、大荔县、合阳县、富平县，咸阳市的武功县、兴平县（今兴平市）、泾阳县、三原县、礼泉县、乾县、永寿县、彬县（今彬州市）、旬邑县、淳化县，西安市的未央区、碑林区、莲湖区、灞桥区、雁塔区、阎良区、临潼区、长安区、蓝田县、周至县、户县（今鄠邑区），宝鸡市的金台区、渭滨区、陈仓区、岐山县、扶风县、眉县、陇县、千阳县、太白县、凤县，汉中市、商洛市、安康市等10个市60个县（区）进行了植原体病害的全面调查采集工作，共采集疑似植原体病害植物样品材料205份（附录1）。

2.1.1.2 试剂及仪器

（1）生化试剂（表2-1）

表2-1 供试生化试剂

试剂名称	供应商
β-巯基乙醇（β-mercaptoethanol）	Sigma
三羟甲基氨基甲烷（Tris）	Amresco
琼脂糖（Agarose）	Sangon
PVP	Amresco
Na$_2$EDTA	Amresco
胰蛋白胨	OXOID
酵母提取物	OXOID
氨苄青霉素	Amresco
琼脂糖	Biowest

（续表）

试剂名称	供应商
无水乙醇	苏州晶协
氯仿	苏州晶协
异丙醇	苏州晶协
冰醋酸	苏州晶协
NaOH	苏州晶协
十六烷基三乙基溴化铵（CTAB）	Amresco
十二烷基硫酸钠（SDS）	Amresco
溴化乙锭（Ethidium bromide）	Amresco
蛋白酶 K	宝生物工程（大连）有限公司

（2）菌株、载体、分子生物学试剂

锇酸、环氧丙烷、环氧树脂 Epon812、柠檬酸铅等试剂由旱区作物逆境生物学国家重点实验室电镜中心提供；聚丙烯酰胺凝胶电泳相关试剂由植物病理学平台提供（表 2-2）。

表 2-2　分子生物学试剂

试剂名称	试剂来源
JM109	分子病毒实验室保存
DH5α	分子病毒实验室保存
pMD18-T 载体	宝生物工程（大连）有限公司
Taq DNA 聚合酶（含 10 倍缓冲液和 $MgCl_2$）	宝生物工程（大连）有限公司
dNTP	宝生物工程（大连）有限公司
Agarose Gel DNA Purification Kit Ver. 2. 0	宝生物工程（大连）有限公司
Plasmid Mini Kit	天根生化科技（北京）有限公司
DL2000 Marker	宝生物工程（大连）有限公司
DL15000	宝生物工程（大连）有限公司
PCR 所用引物	生工生物工程（上海）股份有限公司
φx174 DNA Marker. *Hae*III digest	宝生物工程（大连）有限公司
*Alu*I、*Bam*HI、*Bfa*I、BstUI、*Dra*I、*Eco*RI、*Hae*III、*Hha*I、*Hinf*I、*Hpa*I、*Hpa*II、*Kpa*I、*Sau*3AI、*Mse*I、*Rsa*I、*Ssp*I17 限制性内切酶	宝生物工程（大连）有限公司以及 NEB 公司

（3）主要试验仪器（表2-3）

表2-3　主要试验仪器

名称	型号	供应商
超净工作台	SW-CJ-1FD	苏净集团苏州空泰空气技术有限公司
高低温恒温振荡培养箱	HZQ-F160A	上海恒科技有限公司
恒温水浴锅	HH-1、HH-2	常州国华电器有限公司
金属浴	GL-150	海门市其林贝尔仪器制造有限公司
Mini 离心机	LX-200	海门市其林贝尔仪器制造有限公司
普通台式离心机	Centrifuge-5424、Centrifuge-5418	Eppendorf 公司
PCR 仪	MY CYCLER	美国 BIO-RAD 公司
电泳仪	JY600C	北京君意东方电泳设备有限公司
凝胶成像系统	JY04S-3E	北京君意东方电泳设备有限公司
紫外可见分光光度计	U-2800	日本日立公司
雷磁 pH 计	PHS-3E	上海精密科学仪器有限公司
电子天平	YP-B2003	上海光正医疗仪器有限公司
旋涡混合器	QL-902	海门市其林贝尔仪器制造有限公司
单磁力加热搅拌器	78-1	常州国华电器有限公司
高压蒸汽灭菌锅	MLS-3750	日本三洋公司
制冰机	IF300-150	韩国公司生产
投射电子显微镜	JEM-1200EXⅡ	日本电子 JEOL

2.1.1.3　基本试验操作

（1）常用试剂配制

a. 1 mmol/L Tris-HCl（pH=8.0）：Tris 121 g、ddH_2O 800 mL、浓 HCl 约 42 mL 充分溶解，冷却至室温时补水至 980 mL，用浓 HCl 调 pH 至 8.0，定容至 1 000 mL，高压蒸汽灭菌，4℃保存备用。

b. 0.5 mmol/L EDTA（pH=8.0）：$Na_2EDTA \cdot H_2O$ 93.1 g、NaOH 11 g、ddH_2O 400 mL，加热搅拌充分溶解，冷却至室温补水至 490 mL，用 10 mmol/L NaOH 细调 pH 至 8.0，定容至 500 mL，高压蒸汽灭菌，4℃保存备用。

c. 50×TAE Buffer：Tris 242 g、$Na_2EDTA \cdot H_2O$ 18.6 g、800 mL ddH_2O，

加入 57.1 mL 冰乙酸，定容至 1 L，室温保存。使用时稀释至 1×TAE Buffer。

d. 10×TE Buffer：1 mmol/L Tris-HCl Buffer（pH = 8.0）50 mL、0.5 mmol/L EDTA（pH = 8.0）10 mL、400 mL ddH$_2$O 混合均匀，定容至 500 mL，高压蒸汽灭菌，室温保存备用。使用时稀释成 1×TE Buffer。

e. 3 mmol/L NaCH$_3$COOH（pH=5.2）：称取无水乙酸钠 24.6 g，加水溶解定容至 100 mL，再用冰乙酸调 pH 为 5.2。

f. 苯酚/氯仿/异戊醇（25∶24∶1）：将 Tris-HCl 平衡苯酚与等体积的氯仿/异戊（24∶1）混合均匀后移入棕色玻璃瓶中 4℃ 保存。

g. 氨苄青霉素（100 mg/mL）储备液：1 mL 无菌水中加入 100 mg 氨苄青霉素，用滤膜过滤后，放置于-20℃冰箱中备用。

h. 10% SDS：100 g SDS 溶于 900 mL 水中，加热至 68℃溶解，加几滴浓盐酸调 pH 至 7.2，定容至 1 000 mL 分装，保存。

i. LB 液体培养基：Bacto-蛋白胨 10 g、酵母抽提物 5 g、NaCl 10 g，加 950 mL 水溶解，用 NaOH 调 pH 至 7.0。定容至 1 000 mL，高压灭菌后保存。

j. LB 固体培养基：按照 LB 液体培养基，高压灭菌前加入琼脂糖 15~18 g/L。

（2）感受态细胞制备

a. 将接种环在酒精灯上烧红灭菌，放置于超净工作台内，待至室温，取出保存于-80℃冰箱的 JM109 原始甘油菌种，用接种环在无抗生素的 LB 固体培养基上划线，37℃过夜培养。

b. 将 37℃过夜培养的 LB 平板上的单克隆菌株接种到 3 mL 液体 LB 中，37℃，220 r/min 过夜培养。

c. 将过夜培养的 3 mL JM109 单克隆菌液转至灭过菌的 LB 液体培养基中，100 mL LB+3 mL 活化菌液 37℃摇菌 3~4 h，至 OD 值 0.5 左右。

d. 将培养好的菌液分装至 50 mL 离心管中，冰置 10 min，4℃ 3 000 r/min 离心 15 min。

e. 弃上清，每管中加入 10 mL 0.1 mol/L CaCl$_2$ 溶液，使菌体重悬，冰置 10 min，再于 4℃ 3 000 r/min 离心 15 min.

f. 再倒掉上清，加入适量（2~7 mL，依菌量而定）0.1 mol/L 的甘油 CaCl$_2$ 溶液，重悬菌体后分装入 1.5 mL 离心管中，于-80℃保存备用。

g. 取一个标定为 1 ng/μL 的质粒进行感受态细胞活力检测。

（3）植物总 DNA 的提取

参照李正男（2010）的提取方法。

a. 取感病植株叶脉或用镊子拨开茎秆表皮的韧皮部组织 0.2 g，放入预冷的研钵内，加入适量的液氮研磨成粉末，将研磨好的粉末转移到事先预冷的 2.0 mL 离心管中并加入预热的 0.6 mL CTAB DNA 提取缓冲液，用封口膜封好并混匀。

b. 在 65℃ 水浴锅水浴 30 min，期间轻摇 2~3 次。

c. 水浴 30 min 后加入等体积氯仿、异戊醇（24：1），摇匀至乳白色，4℃ 下 12 000 r/min 离心 10 min，取上清。

d. 加入与所取上清等体积氯仿、异戊醇（24：1）抽提，4℃ 下 12 000 r/min 离心 10 min，取上清。

e. 加入等体积氯仿、异戊醇（24：1）进行二次抽提，4℃ 下 12 000 r/min 离心 10 min，取上清。

f. 加入 2 倍体积无水乙醇 −20℃ 沉淀 2 h。

g. 4℃ 下 12 000 r/min 离心 10 min，弃上清，并用 75% 无水乙醇洗 2 次，真空干燥。

h. 将沉淀溶于 50 μL 灭菌双蒸水中。

i. 吸取 1 μL 的总 DNA 加入 9 μL 灭菌的双蒸水中，使用紫外分光光度计测量浓度，将所有提取 DNA 统一稀释为 20 ng/μL 用于后续 PCR 反应；取 2 μL 提取总 DNA 与嗅酚蓝混匀后进行凝胶电泳并观察结果，确定 DNA 的完整性。

（4）1.0% 琼脂糖凝胶制备

a. 将 0.45 g 琼脂糖转入 250 mL 三角瓶中，加入 45 mL 1×TAE 缓冲液混匀后用保鲜膜封住瓶口，放入微波炉中 30 s，左右摇晃看是否有未溶解琼脂糖，再次放入微波炉中 30 s 后取出。

b. 事先冲洗好胶槽和梳子在室温下晾干并组装，待凝胶冷却至 50℃ 时倒入胶槽并赶走胶面气泡。

c. 室温 30 min 后小心拔出梳子，将制好凝胶放入电泳槽中并检查点样孔完整性，加入 1×TAE 电泳缓冲液，高出凝胶表面即可。

（5）凝胶电泳检测 PCR 结果

a. 按照所要点样 PCR 数量，在一次性灭菌手套上按相应数量一字排开 1 μL DNA Loading buffer，吸取 5 μL 的 PCR 产物与相应 1×DNA Loading buffer 混匀。

b. 用 10 μL 微量移液器将样品按照顺序加入凝胶点样孔内；在最边上点样孔中加入 5 μL Marker（DL2000 或者 DL15000）。

c. 盖好电泳槽，点样端对着负极，恒压 80 V 电泳 60~70 min，此时溴酚蓝约移动至凝胶 3/4 距离，停止电泳，放入配好的 EB 中染色 10 min，在凝胶成像系统下照相并保存照片。

2.1.2 疑似植原体病害植物材料分子鉴定

16S rRNA 基因是植原体分类中应用最为广泛的分子标准，是植原体组分类的初步依据，因此在植原体分类鉴定研究中都是首先克隆这个基因。目前为止应用最为广泛的是 16S rRNA 基因通用引物 Pl/P7（Deng et al.，1991；Schneider et al.，1995）和 R16F2n/R16R2（Gundersen et al.，1996），其中 P1/P7 扩增片段长度为 1.8 kb，包括完整的 16S rRNA 基因、部分 23S rRNA 基因及 16S~23S 间隔区（ISR）。由于植原体含量低且为了增加扩增的特异性，将直接扩增产物使用双蒸水按 1∶30 比例稀释后为模板，用 R16F2n/R16R2 进行巢式 PCR 扩增，R16F2n/R16R2 区间被用于实际和虚拟 RFLP 分析及系统发育分析。

为了鉴定在陕西全境内采集的疑似样品中是否有植原体存在，本研究提取了所有样品的总 DNA，进行 16S rRNA 基因的直接 PCR 扩增和巢式 PCR 扩增。PCR 扩增产物经琼脂糖凝胶电泳分离后，根据是否有植原体特异性条带（直接 PCR 扩增目标条带大小为 1.8 kb，巢式 PCR 扩增目标条带大小为 1.2 kb）来判定采集的病害样品是否为植原体，进而判定病害是否为植原体病害。

2.1.2.1 引物合成

植原体 16S rRNA 基因通用引物对 P1/P7 和 R16mF2/R16mR1 序列信息见表 2-4。

表 2-4 PCR 扩增 16S rRNA 基因所用引物的核苷酸序列

引物名称	引物序列（5'-3'）	Tm 值/℃	参考文献
P1	AAGAGTTTGATCCTGGCTCAGGATT	57.9	Deng et al.，1991；Schneider et al.，1995
P7	CGTCCTTCATCGGCTCTT	54.9	Deng et al.，1991；Schneider et al.，1995
R16F2n	GAAACGACTGCTAAGACTGG	55.4	Gundersen et al.，1996
R16F2	TGACGGGCGGTGTGTACAAACCCCG	66.1	Gundersen et al.，1996

2.1.2.2 PCR 扩增

（1）直接 PCR 反应体系（表 2-5）

表 2-5 直接 PCR 反应体系

体系组成	体积量（μL）	终浓度
总 DNA 模板	1.0	20 ng
引物 P1（10 μmol/L）	1.0	0.4 μmol/L
引物 P7（10 μmol/L）	1.0	0.4 μmol/L
10×PCR Buffer	2.5	1×
dNTPs（2.5 mmol/L）	1.0	0.1 mmol/L
*Taq*DNA 聚合酶（5 U/μL）	0.5	2.5 U
加 ddH$_2$O 至	25	

（2）直接 PCR 反应条件

预变性温度 94℃ 3 min；变性温度 94℃ 30 s，退火温度 55℃ 30 s，延伸温度 72℃ 2 min，30 个循环；72℃ 10 min。

（3）巢式 PCR 反应体系（表 2-6）

表 2-6 巢式 PCR 反应体系

体系组成	体积量（μL）	终浓度
模板（P1/P7 为引物直接 PCR 产物 1∶30 稀释）	1.0	
引物 R16F2n（10 μmol/L）	1.0	0.4 μmol/L
引物 R16R2n（10 μmol/L）	1.0	0.4 μmol/L
10×PCR Buffer	2.5	1×
dNTPs（2.5 mmol/L）	1.0	0.1 mmol/L
*Taq*DNA 聚合酶（5 U/μL）	0.5	2.5 U
加 ddH$_2$O 至	25	

（4）巢式 PCR 反应条件

预变性温度 94℃ 3 min；变性温度 94℃ 30 s，退火温度 56℃ 30 s，延伸温度 72℃ 1 min 30 s，30 个循环；72℃ 10 min。

2.1.2.3 PCR 扩增产物电泳检测

凝胶制备和电泳检测详见 2.1.1.3 基本试验操作（4）和（5）。应用引物 P1/P7，直接 PCR 扩增目标条带大小为 1.8 kb；应用引物 R16F2n/R2，巢式 PCR 扩增目标条带大小为 1.2 kb。

2.1.3　试验结果

2.1.3.1　DNA 提取结果

（1）电泳法检测 CTAB 法提取的植物基因组总 DNA

制备 1.0% 的琼脂糖凝胶，分别取 2 μL 提取的植物基因组总 DNA 进行电泳检测。电泳条件为恒压 80 V，80 min。EB 染色 10 min 后在凝胶紫外成像系统下照相并保存试验照片（图 2-1）。如果在凝胶图上可以看见清晰可辨的 RNA 条带，需要在提取总的 DNA 中加入 RNA 酶处理并再次抽提。

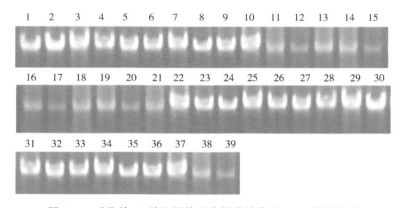

图 2-1　采集的 39 种植原体病害样品植物总 DNA 提取结果

　　1~39 依次为泡桐丛枝、枣疯病、酸枣丛枝病、凌霄花丛枝、甜樱桃丛枝、仙人掌丛枝、国槐丛枝、刺槐丛枝、南瓜丛枝、苦楝丛枝、苜蓿丛枝、早园竹丛枝、菲白竹丛枝、五角枫丛枝、辣椒丛枝、油菜绿变、狗尾草绿变、凤仙花绿变、月季绿变、菊花绿变、樱花绿变、樱花黄化、桃黄化、苦楝黄化、马唐黄化、葡萄黄化、樱桃李黄化、谷子黄化、苹果衰退、中华小苦荬扁茎、普那菊苣扁茎、桔梗扁茎、国槐扁茎、紫薇扁茎、芝麻扁茎、谷子红叶、狗尾草红叶、马铃薯紫顶、狗牙根白叶。

（2）分光光度计法测定浓度

吸取 2 μL 提取的植物基因组总 DNA，在分光光度计（Gene Company Limited）下测定浓度并记录结果。选取 $OD_{260/280}$ 在 1.8 左右、$OD_{260/230}$ 在 2.5 左右的 DNA，将其稀释至 20 ng/μL 用于后续分子试验。

2.1.3.2 直接 PCR 和巢式 PCR 扩增结果

采用植原体 16S rRNA 基因通用引物 P1/P7 对所采集到的疑似植原体病害样品总 DNA 进行直接 PCR 扩增，电泳检测 PCR 结果。从 19 种采集的植物病害材料中获得了 1.8 kb 的目标片段。这 19 种植物分别是表现丛枝症状的泡桐、枣树、酸枣树、凌霄花、甜樱桃、仙人掌、国槐、刺槐、南瓜、苦楝；表现花器绿变症状的油菜、狗尾草；表现黄化症状的樱花、桃树、苦楝；表现扁茎症状的中华小苦荬；表现红叶和花器绿变症状的狗尾草；表现紫叶和叶腋增殖的马铃薯以及表现白叶症状的狗牙根（图 2-2）。

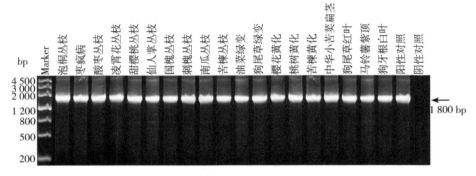

图 2-2　应用植原体 16S rRNA 基因通用引物 P1/P7 进行的直接 PCR 电泳结果

目标片段为 1.8 kb；阳性对照：小麦蓝矮；阴性对照：灭菌双蒸水。

以直接 PCR 产物稀释 30 倍为模板、以 R16F2n/R16R2 为引物进行巢式 PCR 扩增。从表现丛枝症状的泡桐、枣树、酸枣树、凌霄花、甜樱桃、仙人掌、国槐、刺槐、南瓜、苦楝、苜蓿、早园竹、菲白竹、五角枫、辣椒；表现花器绿变症状的凤仙花、油菜、狗尾草、月季、菊花、樱花；表现黄化症状的樱花、马唐、桃树、葡萄、苦楝、樱桃李、谷子；表现小叶症状的苹果；表现扁茎症状的普那菊苣、中华小苦荬、桔梗、国槐、紫薇、芝麻；表现红叶症状的狗尾草、谷子；表现紫叶和叶腋增殖的马铃薯；表现白叶症状的狗牙根等 39 种植物样品中，扩增出了 1.2 kb 的植原体特异扩增条带（图 2-3）。证明采集的病害材料中有 39 种被植原体感染，根据 16S rRNA 基因初步明确了陕西省植原体病害的种类。

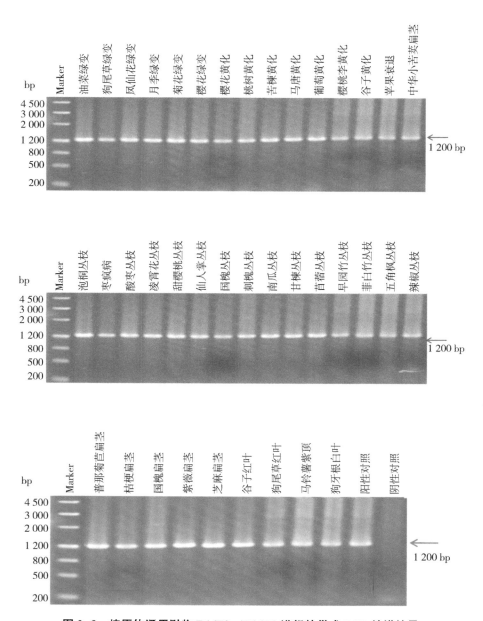

图 2-3　植原体通用引物 R16F2n/R16R2 进行的巢式 PCR 扩增结果

目标片段为 1.2 kb；阳性对照：小麦蓝矮；阴性对照：灭菌双蒸水。

2.1.3.3 植原体侵染的植物症状

（1）泡桐丛枝病

采自陕西省西安市、咸阳市、杨凌区、宝鸡市的泡桐丛枝样品主要表现为花器绿变、小叶、叶片畸形、黄化、丛枝、枝条节间缩短、在叶腋处萌发大量不定芽等症状，新生枝条不能安全越冬（图2-4）。

图2-4　泡桐丛枝病症状

a. 丛枝症状；b. 枯死的丛枝类似鸟巢；c. 小叶症状；d. 花器绿变症状。

（2）枣疯病和酸枣丛枝

采自陕西省榆林市、延安市、西安市、咸阳市、杨凌区、宝鸡市枣疯病和酸枣丛枝病样品主要表现为丛枝、黄化、叶片变小、枝条节间缩短，花期出现花器绿变、不能结果、当年形成的新生丛枝状枝条不能越冬等症状（图2-5）。

（3）凌霄花丛枝

采自陕西省杨凌区西北农林科技大学校园和新天地设施园的凌霄花样品主要表现为丛枝、叶片变小、花藤变短、不能开花，叶片向内卷曲，顶端枝条枯死等症状（图2-6）。

图 2-5　枣疯病和酸枣丛枝病症状

　　a. 枣疯病症状；b. 丛枝状枝条放大；c. 酸枣丛枝病；d. 野外酸枣丛枝病早春症状。

图 2-6　凌霄花丛枝病症状

　　a. 凌霄花表现为丛枝、小叶、顶梢枯死症状；b 为 a 的局部放大。

（4）甜樱桃丛枝

在陕西省铜川市的王益区、耀州区；渭南市的白水县、大荔县、富平县；咸阳市的武功县、兴平市、礼泉县、乾县、永寿县、彬州市；西安市的阎良区、蓝田县、周至县、鄠邑区；宝鸡市的扶风县、眉县、杨凌区、安康市、商洛市、汉中市的甜樱桃园内均采集到了表现为丛枝、黄化、叶片变小、叶腋增殖等症状的甜樱桃样品，所采集品种为红灯，发病植株丧失了经济价值，不能结樱桃（图2-7）。

图2-7 甜樱桃丛枝病症状

a~b. 甜樱桃表现为丛枝、小叶、增殖症状；c. 冬季甜樱桃丛枝部位症状。

（5）仙人掌丛枝

在陕西杨凌区居民生活区及花卉市场内收集到了仙人掌丛枝样品，感病植株表现为植株矮化、茎条畸形，在茎的顶端和侧面长出来大量的圆柱形小茎（图2-8）。

图2-8 仙人掌丛枝病症状

（6）国槐、刺槐丛枝

在渭南市的华县、蒲城县、合阳县；咸阳市的武功县、兴平市、三原县、乾县；西安市的未央区、碑林区、莲湖区；宝鸡市的金台区、渭滨区、陈仓区、杨凌区等地主干街道观察到作为行道树的国槐树上出现了丛枝、小叶、茎秆节间缩短、植株衰退等症状；在杨凌区和西安市采集到了同样表现为丛枝、小叶、茎秆节间缩短、植株衰退等症状的刺槐样品（图 2-9）。

图 2-9　植原体在国槐和刺槐上引起的症状

a. 左为健康国槐，右为表现丛枝症状的国槐；b. 表现丛枝症状的刺槐。

（7）南瓜丛枝

在渭南市的合阳县；咸阳市的武功县、兴平市、三原县、乾县；宝鸡市的扶风县、杨凌区等地的农户家中观察到南瓜植株表现出丛枝、小叶、茎蔓节间缩短、花器绿变、果实黄化等症状（图 2-10）。

图 2-10　南瓜丛枝症状

由左至右：健康南瓜藤、南瓜藤丛枝症状、健康南瓜果实与感病南瓜果实。

（8）苦楝丛枝

在陕西省西安市周至县的苗木基地和咸阳市杨凌区主干街道及西北农林科技大学校园内采集到表现为丛枝症状的苦楝样品。感病苦楝树植株矮化、叶片变小、开花变少、新生枝条节间缩短（图2-11）。

图2-11　苦楝丛枝症状

a. 表现为丛枝症状的苦楝；b. 丛枝症状放大。

（9）苜蓿丛枝

陕西省咸阳市杨凌区牧草种植区的紫花苜蓿零星表现为丛枝、叶片变小、黄化等症状（图2-12）。

图2-12　植原体在苜蓿上引起的症状

a. 健康苜蓿植株；b~c. 植原体感染的苜蓿表现小叶、丛枝症状；d. 苜蓿表现黄化症状。

（10）竹子丛枝

在西安市的兴庆公园、咸阳市的咸阳湖公园、周至县的百竹园和西北农林科技大学校园内种植的早园竹表现出鸟巢样丛枝症状、叶片变小、叶腋处小枝丛生；同时在西北农林科技大学校园内种植的菲白竹也表现出叶腋处小枝丛生的丛枝症状（图 2-13）。

图 2-13　植原体引起的竹丛枝症状

a. 早园竹丛枝；b. 菲白竹丛枝。

（11）五角枫丛枝

在陕西省咸阳市杨凌区西北农林科技大学校园内种植的五角枫表现为丛枝、黄化、顶梢枯死等症状（图 2-14）。

图 2-14　植原体在五角枫上引起的症状

a~d. 五角枫被植原体侵染后表现为丛枝症状，节间缩短（箭头 1 所示）和叶片畸形坏死（箭头 2 所示）。b 是 a 中箭头 3 所示枝的放大，c 是 d 的局部放大，e 是健康的五角枫植株。

（12）辣椒丛枝

在陕西省咸阳市杨凌区的辣椒园和宝鸡市陇县的红辣椒种植区发现了红

线辣椒植株表现出明显的丛枝、叶片变小、植株矮小、辣椒畸形等症状（图2-15）。

图2-15 植原体感染辣椒

a. 辣椒表现出丛枝（左）和健康辣椒（右）；b. 焦枯的辣椒果实。

（13）油菜绿变

对陕西省榆林市的横山区、米脂县、吴堡县、清涧县、子洲县，延安市的延安县、安塞区、志丹县、吴起县，汉中市等陕西省油菜种植主产区进行了油菜植原体病害发生情况调查，采集到表现为花不能正常发育，花瓣变为紫色叶片，花蕊异变为新的花序，生成的果荚内没有种子，而是新的幼嫩植株（图2-16）。

图2-16 植原体在油菜上引起的症状

a. 健康对照；b~c. 花变叶，花蕊变为幼嫩花序类似物；d. 健康角果；e. 畸形的角果内没有种子。

（14）凤仙花绿变

在陕西省咸阳市杨凌区市民种植的花园及西北农林科技大学校园内均发现了表现为花变叶的凤仙花（图2-17）。

图 2-17 植原体引起的凤仙花绿变

a. 凤仙花花器绿变植株；b. 绿变花器局部放大。

（15）月季绿变和菊花绿变

在咸阳市的武功县、杨凌区的西北农林科技大学农科院家属区；西安市的未央区、碑林区、莲湖区、雁塔区；宝鸡市的金台区、渭滨区、陈仓区；汉中市等地的绿化种植带内的月季表现出了花器绿变、叶片畸形、变小、丛枝等症状；在杨凌区杨凌职业技术学院园艺农场种植的菊花表现出了典型的花器绿变现象，本应该是黄色的花朵完全变为绿色（图 2-18）。

（16）樱花植原体病害

在杨凌区的主干街道和校园内种植的樱花表现出多种植原体感染症状，在早春很多植株表现出典型的花器绿变症状，花瓣和花蕊都变成绿色的类似于叶片的结构；在春末至秋末个别植株表现为典型的黄化症状，叶片黄化焦枯，植株衰退；也有个别植株表现为植株衰退、小叶等症状；以上 3 种类型症状都是出现在不同植株上（图 2-19）。

图 2-18　植原体在月季和菊花上引起的症状

a. 左为月季丛枝、小叶，右为健康植株；b. 月季花绿变；c. 菊花绿变。

图 2-19　植原体在樱花上引起的症状

a~b. 樱花花器绿变；c~d. 樱花黄化；e~f. 樱花小叶。

（17）桃黄化

采自陕西省榆林市、渭南市、西安市、咸阳市、宝鸡市、汉中市附近的桃园，感病桃树表现为黄化、生长衰退、果实干瘪脱落等症状（图 2-20）。

图 2-20　桃树感染植原体后的症状

a~b. 感病桃树表现为黄化、顶稍枯死；c~d. 小而干瘪的果实和叶片坏死。

（18）葡萄黄化

在陕西省杨凌周边地区荒废的葡萄园和宝鸡市周边荒废的葡萄园内，葡萄植株表现出零星的黄化、叶缘坏死、向内卷曲、枝条不能越冬枯死等症状（图 2-21）。

图 2-21　葡萄黄化症状

a. 叶片黄化、叶缘枯死；b. 叶片内卷、枝条枯死。

（19）苦楝黄化

在陕西咸阳周至县的苗木基地和杨凌区主干街道及西北农林科技大学校园内采集到表现为黄化症状的苦楝样品，感病苦楝树表现为叶片黄化、小叶、树势衰退（图2-22）。

图2-22　苦楝黄化症状

a. 左侧为黄化植株，右侧为健康植株；b. 黄化植株放大。

（20）李树黄化

在陕西杨凌地区的果园内发现了表现为叶片黄化、树势衰退、不能结果实的樱桃李树（图2-23）。

图2-23　李树黄化症状

a. 表现黄花症状的李树；b. 黄化部位的局部放大。

（21）苹果衰退

在陕西杨凌地区的一个苹果苗圃内采集到了生长树势衰退的苹果苗样品，表现为小叶、叶片内卷、生长衰退症状（图2-24）。

图 2-24　植原体感染苹果树症状

a. 苹果树表现为小叶、叶片内卷；b. 苹果树黄化。

（22）普那菊苣扁茎

在陕西杨凌西北农林科技大学草业科学专业试验田内发现普那菊苣表现为扁茎、叶片畸形等症状（图 2-25）。

图 2-25　植原体感染的普那菊苣症状

a. 叶片反常和畸形（箭头 1 所示），扁茎（箭头 2 所示）；b. 健康植株。

（23）中华小苦荬扁茎

韩城、合阳、渭南、武功、周至、杨凌、宝鸡等地区的麦田间的闲置空地上均采集到扁茎、花器聚合、叶片变小、茎秆变短等症状的中华小苦荬（图 2-26）。

（24）桔梗扁茎

在西北农林科技大学的中草药基地的苗圃内，发现了被植原体感染的桔梗，主要表现为扁茎症状（图 2-27）。

图 2-26 中华小苦荬感染植原体症状

a. 茎秆弯曲；b. 扁茎、茎变短；c. 叶片变小；d. 多个花序聚合；e~f. 正常植株。

图 2-27 桔梗扁茎症状

a. 桔梗扁茎全株症状；b. 左侧为桔梗扁茎，右侧为健康植株。

（25）国槐扁茎

在渭南市的华县、蒲城县、澄城县、白水县、大荔县、合阳县、富平县；咸阳市的武功县、兴平市、泾阳县、三原县、礼泉县、乾县、永寿县、彬州市、旬邑县、淳化县；西安市的周至县、鄠邑区；宝鸡市的岐山县、扶风县及杨凌农业示范区所有的苗木基地都采集到了扁茎、茎秆扭曲、丛枝症状的国槐幼苗（图 2-28）。

图 2-28　国槐扁茎症状
左，扁茎症状国槐；右，健康植株。

（26）紫薇扁茎

在西安市的西安交通大学校园、陕西师范大学校园、长安大学校园、咸阳市的咸阳师范学院校园、咸阳中医药大学校园、西北农林科技大学校园及杨凌高中校园、宝鸡市的宝鸡文理学院校园、宝鸡一中校园、汉中市主干街道等地种植的观赏紫薇上均有扁茎病害发生（图 2-29）。

图 2-29　紫薇扁茎症状
a. 扁茎症状紫薇；b. 健康植株。

（27）芝麻扁茎

西安市周至县、咸阳市杨凌区、宝鸡市扶风县农民种植的芝麻田内采集到表现扁茎症状的植株，主要表现为叶片变小、茎秆扁平、花器绿变、无果实等症状（图2-30）。

图2-30　芝麻扁茎症状

a. 扁茎症状芝麻；b. 田间发病情况。

（28）草本植原体多样性

在韩城、合阳采集的自生谷子表现为黄化症状（图2-31a），狗尾草表现为草穗绿变症状（图2-31b），自生小麦表现为矮缩、黄化、叶片卷曲症状（图2-31c）；在三原、蓝田、周至、杨凌、扶风采集的狗尾草表现为红

图2-31　植原体在草本植物上引起的症状

叶和草穗绿变症状（图 2-31d），自生小麦也表现为矮缩、黄化、叶片卷曲症状（图 2-31c）；在杨凌地区采集的自生谷子表现为红叶症状（图 2-31e）；在渭南、铜川、西安、咸阳、宝鸡、汉中、安康、商洛采集的草坪草狗牙根表现为白叶、叶片套叠、黄化等症状（图 2-31f、g）；在杨凌、宝鸡枣园内采集的马唐草表现为黄化症状（图 2-31h）。

（29）马铃薯紫顶（Potato purple top）植原体

从陕西省榆林市的横山区、米脂县、吴堡县、清涧县、子洲县；延安市的延安县、安塞区、志丹县、吴起县、富县及内蒙古鄂尔多斯市的马铃薯种植区域内发现了一种新的病害在马铃薯上发生，感病植株表现为顶部叶片变为紫色，叶腋处长出绿色不可食用薯块，根部薯块变为绿色没有食用价值，根系坏死等症状（图 2-32）。

图 2-32　植原体引起的马铃薯紫顶病

a. 植原体感染的马铃薯植株；b. 感病后，薯块长出地面；c. 感病植株上的巨芽。

2.1.4　小结

采用植原体 16S rRNA 基因通用引物 P1/P7 从 20 种表现为植原体侵染症状的植物材料中扩增到了 1.8 kb 的目标片段，这 20 种植物病害分别为泡桐丛枝、枣疯病、酸枣丛枝、凌霄花丛枝、甜樱桃丛枝、仙人掌丛枝、国槐丛枝、刺槐丛枝、南瓜丛枝、苦楝丛枝、油菜绿变、狗尾草绿变、樱花黄化、桃黄化、苦楝黄化、中华小苦荬扁茎、狗尾草红叶、马铃薯紫顶、狗牙根白叶。将以 P1/P7 为引物的直接 PCR 产物稀释 30 倍，应用 R16F2n/R16R2 引物对进行巢式 PCR，从 39 种表现为植原体侵染症状的植物材料中扩增到 1.2 kb 的目标片段。这 39 种植物样品除了上面提到的 20 种植物病害外，还包括以下 19 种病害：苜蓿丛枝、早园竹丛枝、菲白竹丛枝、五角枫丛枝、辣椒丛枝、凤仙花绿变、月季绿变、菊花绿变、樱花绿变、马唐黄化、葡萄黄化、紫荆花黄化、谷子黄化、苹果衰退、普那菊苣扁茎、桔梗扁茎、国槐扁茎、紫薇扁茎、芝麻扁茎、谷子红叶。陕西省全境鉴定到植原体病害 39 种，初步明确了陕西省植原体病害的种类。从巢式 PCR 结果得知，基于直接 PCR 结果进行的巢式 PCR 检测结果要比直接 PCR 灵敏，在植原体检测中更适合采用巢式 PCR 的方式，这可能与不同种植物材料中植原体浓度高低有关。

直接 PCR 扩增结果阳性最多的是丛枝型植原体病害，花器绿变型、黄化型和扁茎型植原体病害次之，这可能是丛枝型植原体病害样品中植原体浓度相对较高；其中在禾本科植物上发生的植原体病害是陕西省境内发生最多的植原体病害。

2.2　陕西省植原体株系系统发育和 RFLP 分析

至今为止，人们一直尝试形态学结合分子的方法对植原体进行分类，但是植原体不能纯培养严重制约了这一经典原核生物分类方法在植原体分类中的应用。虽然 Contaldo 等于 2012 年报道了植原体的纯培养方法，但是这个方法还没有广泛应用，他们的报道也只是在个别组植原体上成功应用。植原体没有细胞壁，在植物韧皮部寄生要承受来自植物的渗透压力所以呈现多形态性，就目前的研究来看，通过透射电子显微镜在寄主植物上观察到的植原体形态上差异不大，都是呈现多形态性，只是大小有差异，但是这些大小差异也不规律。因此，单纯的电镜形态差异还不能作为分类依据，只能作为病害鉴定依据。目前主要依靠分子数据，16S rRNA 基因、rp 基因、tuf 基因在植原体组的分类上应用最为广泛，rp 基因和 tuf 基因在植原体亚组分类地位的划分中应用更为广泛。

本研究针对 2.1 中鉴定到的 39 种植原体病害，通过 PCR 扩增、连接、转化、提取质粒及测序等技术分别获得了上述 39 种植原体近全长 16S rRNA 基因序列，并获得了部分植原体的 rp 基因序列，基于这些分子数据进行了一致性分析、系统发育分析、RFLP 分析，明确了上述株系的分类地位。

2.2.1　材料与方法

2.2.1.1　植物材料

本研究中所用植物材料来自 2.1 中经分子鉴定为阳性的 39 种感病植物。

2.2.1.2　植原体 16S rRNA 基因

感病材料总 DNA 提取过程详见 2.1.1.3，提取结果详见 2.1.3.1；16S rRNA 基因直接 PCR 和巢式 PCR 扩增详见 2.1.2。

2.2.1.3　植原体 *rp* 基因克隆

（1）16SrⅥ组植原体 *rp* 基因扩增

参考 Martini 等（2007）报道的 16SrⅥ组植原体核糖体蛋白基因特异性引物 rpF1C/rp（Ⅰ）R1A（表 2-7）进行核糖体蛋白基因的克隆。

表 2-7　PCR 扩增 16SrⅥ组植原体 *rp* 基因所用引物的核苷酸序列

引物名称	引物序列（5'-3'）	Tm 值/℃	参考文献
rpF1C	GTTCTTTTTGGCATTAACAT	52	Martini et al.，2007
rp（Ⅰ）R1A	ATGGTGGGTCATAAATTAGG	56	Martini et al.，2007

PCR 反应体系见表 2-8。

表 2-8　PCR 反应体系

体系组成	体积量/μL	终浓度
总 DNA 模板	1.0	20 ng
引物 rpF1C（10 μmol/L）	1.0	0.4 μmol/L
引物 rp（Ⅰ）R1A（10 μmol/L）	1.0	0.4 μmol/L
10×PCR Buffer	2.5	1×
dNTPs（2.5 mmol/L）	1.0	0.1 mmol/L
Taq DNA 聚合酶（5 U/μL）	0.5	2.5 U
加 ddH$_2$O 至	25	

PCR 反应条件：预变性温度 94℃ 3 min；变性温度 94℃ 30 s，退火温度 50℃ 30 s，延伸温度 72℃ 2 min，30 个循环；72℃ 10 min。

（2）16SrⅠ组植原体 *rp* 基因扩增

参考 Martini 等（2007）报道的 16SrⅠ组植原体核糖体蛋白基因特异性引物 rpF1/rpR1 进行直接 PCR 扩增，将直接 PCR 产物按照 1∶30 稀释后进行巢式 PCR 扩增，所用引物为 rp（Ⅰ）F1A/rp（Ⅰ）R1A（表 2-9）。

表 2-9　PCR 扩增 16SrⅠ组植原体 *rp* 基因所用引物的核苷酸序列

引物名称	引物序列（5'-3'）	Tm 值/℃	参考文献
rpF1	GGACATAAGTTAGGTGAATTT	56	Martini et al.，2007
rpR1	ACGATATTTAGTTCTTTTTGG	54	Martini et al.，2007
rp（Ⅰ）F1A	TTTTCCCCTACACGTACTTA	58	Martini et al.，2007
rp（Ⅰ）R1A	GTTCTTTTTGGCATTAACAT	58	Martini et al.，2007

直接 PCR 反应体系见表 2-10。

表 2-10　直接 PCR 反应体系

体系组成	体积量/μL	终浓度
总 DNA 模板	1.0	20 ng
引物 rpF1（10 μmol/L）	1.0	0.4 μmol/L
引物 rpR1（10 μmol/L）	1.0	0.4 μmol/L
10×PCR Buffer	2.5	1×
dNTPs（2.5 mmol/L）	1.0	0.1 mmol/L
Taq DNA 聚合酶（5 U/μL）	0.5	2.5 U
加 ddH₂O 至	25	

PCR 反应条件：预变性温度 94℃ 10 min；变性温度 94℃ 1 min，退火温度 50℃ 2 min，延伸温度 72℃ 3 min，35 个循环；72℃ 7 min。

巢式 PCR 反应体系见表 2-11。

表 2-11　巢式 PCR 反应体系

体系组成	体积量/μL	终浓度
模板（rpF1/rpR1 为引物直接 PCR 产物 1∶30 稀释）	1.0	
引物 rp（Ⅰ）F1A（10 μmol/L）	1.0	0.4 μmol/L
引物 rp（Ⅰ）R1A（10 μmol/L）	1.0	0.4 μmol/L

（续表）

体系组成	体积量/μL	终浓度
10×PCR Buffer	2.5	1×
dNTP（2.5 mmol/L）	1.0	0.1 mmol/L
Taq DNA 聚合酶（5 U/μL）	0.5	2.5 U
加 ddH₂O 至	25	

PCR 反应条件：预变性温度 94℃ 10 min；变性温度 94℃ 1 min，退火温度 50℃ 2 min，延伸温度 72℃ 3 min，35 个循环；72℃ 7 min。

（3）16Sr V 组植原体 *rp* 基因扩增

16Sr V 组植原体核糖体蛋白基因的克隆采用半巢式 PCR，参考引物为 rp（V）F1/rpR1，rp（V）F2/rpR1（表 2-12）（Lee et al.，1998）。

表 2-12　PCR 扩增 16Sr V 组植原体 *rp* 基因所用引物的核苷酸序列

引物名称	引物序列（5'-3'）	Tm 值/℃	参考文献
rp（V）F1	TCGCGGTCATGCAAAAGGCG	64	Lee et al.，1998
rp（V）F2	TTGCCTCGTTTATTTCCGAGAGCTA	72	Lee et al.，1998
rpR1	ACGATATTTAGTTCTTTTTGG	54	Lee et al.，1998

直接 PCR 反应体系见表 2-13。

表 2-13　直接 PCR 反应体系

体系组成	体积量/μL	终浓度
总 DNA 模板	1.0	20 ng
引物 rp（V）F1（10 μmol/L）	1.0	0.4 μmol/L
引物 rpR1（10 μmol/L）	1.0	0.4 μmol/L
10×PCR Buffer	2.5	1×
dNTP（2.5 mmol/L）	1.0	0.1 mmol/L
Taq DNA 聚合酶（5 U/μL）	0.5	2.5 U
加 ddH₂O 至	25	

PCR 反应条件：预变性温度 94℃ 5 min；变性温度 94℃ 1 min，退火温度 50℃ 2 min，延伸温度 72℃ 3 min，35 个循环；72℃ 7 min。

巢式 PCR 反应体系见表 2-14。

表 2-14　巢式 PCR 反应体系

体系组成	体积量（μL）	终浓度
模板［rp（Ⅴ）F1/rpR1 为引物直接 PCR 产物 1∶30 稀释］	1.0	
引物 rp（Ⅴ）F2（10 μmol/L）	1.0	0.4 μmol/L
引物 rpR1（10 μmol/L）	1.0	0.4 μmol/L
10×PCR Buffer	2.5	1×
dNTPs（2.5 mmol/L）	1.0	0.1 mmol/L
Taq DNA 聚合酶（5 U/μL）	0.5	2.5 U
加 ddH$_2$O 至	25	

PCR 反应条件：预变性温度 94℃ 5 min；变性温度 94℃ 1 min，退火温度 50℃ 2 min，延伸温度 72℃ 3 min，35 个循环；72℃ 7 min。

2.2.1.4　克隆及测序

凝胶制备和电泳检测详见 2.1.1.3 的（4）和（5）。

（1）PCR 阳性样品回收

对电泳检测为阳性样品进行回收，采用 1.0% 琼脂糖凝胶，大孔梳子胶孔至少加载 25 μL PCR 产物和 5 μL 1×DNA Loading buffer。每回收一个样品所用电泳缓冲液（1×TAE）和 EB 均为新鲜配制（避免交叉污染）。割胶所用刀片每次用水冲洗后用无水乙醇擦干净，割胶所用台面每次擦干净并将凝胶垫在一次性手套上后再割胶。PCR 扩增产物用北京百泰克生物技术有限公司生产的快捷型琼脂糖凝胶回收试剂盒进行纯化回收。具体方法参照试剂盒说明。

a. 在长波紫外灯下，用干净刀片将所需回收的 DNA 条带切下，尽量切除不含目标片段的凝胶，得到凝胶体积越小越好。

b. 将切下含有目标条带凝胶放入 1.5 mL 离心管，称重（先称重一个空 1.5 mL 离心管并去皮，然后放入凝胶块后再称量一次，所显示数字即为凝胶重量）。

c. 加入 1~2 倍体积凝胶结合液 DB（如果凝胶重为 0.19 g，其体积可视为 100 μL，则加入 100~200 μL 凝胶结合液；如果凝胶浓度大于 2%，应加入 2~4 倍体积凝胶结合液；凝胶块最大不能超过 400 mg。如果超过 400 mg，采用多个离心柱进行回收)。

d. 56℃水浴放置 3~5 min（或直至胶完全溶解），每 1~2 min 涡旋振荡一次帮助加速溶解。

e. 将上一步所得溶液加入吸附柱 AC 中（吸附柱放入收集管中），12 000 r/min 离心 30~60 s，倒掉收集管中的废液（如果总体积超过 750 μL，可分两次将溶液加入同一个吸附柱中）。

f. 加入 700 μL 漂洗液 WB（先检查是否已加入无水乙醇），12 000 r/min 离心 1 min，弃掉废液。

g. 将吸附柱 AC 放回空收集管中，12 000 r/min 离心 2 min，尽量除去漂洗液，以免漂洗液中残留乙醇抑制下游反应。

h. 取出吸附柱 AC，放入一个干净的离心管中，在吸附膜的中间部位加 50 μL 洗脱缓冲液 EB（洗脱缓冲液事先在 65~70℃水浴中加热效果更好），室温放置 2 min，12 000 r/min 离心 1 min。如果需要较多量 DNA，可将得到的溶液重新加入离心吸附柱中，离心 1 min（洗脱液体积越大，洗脱效率越高，如果需要 DNA 浓度较高，可以适当减少洗脱体积）。

（2）回收产物连接反应

连接反应体系：目的 DNA 4.7 μL，pMD18-T vector 0.3 μL，Solution I 5.0 μL，总体积 10.0 μL。

连接反应条件：16℃ 1 h，4℃过夜。

（3）转化

a. 从-80℃冰箱中取出制备的 *E.coli* JM109 感受态细胞（每管 50 μL），加入连接液 5 μL，用微量移液器轻轻混合两者，冰置 30 min。

b. 将冰置 30 min 的 1.5 mL 的离心管放入事先设置好温度的 42℃水浴锅中热激 30 s。

c. 取出后在冰上冰置 5 min。

d. 加入 300 μL LB 液体培养基，混匀后转入试管中，37℃复苏 90 min。

e. 打开超净台，紫外灭菌 15 min，在酒精灯焰下将涂菌铲用外焰灭菌并冷却至室温。

f. 取 100 μL 复苏菌液加到 Amp（100 μg/mL）LB 固体培养基上，平板上已经涂有 X-gal 和 IPTG，用涂菌铲涂均匀。

g. 倒置平皿，于 37℃培养过夜。

h. 用灭菌的牙签挑取白色单菌落，放入含抗生素的培养基中（3 mL LB 液+3 μL Amp），37℃，220 r/min 过夜培养。

（4）菌液 PCR 鉴定

菌液 PCR 反应体系见表 2-15。

表 2-15 菌液 PCR 反应体系

体系组成	体积量/μL	终浓度
模板	1.0（过夜培养菌液）	
保守基因上游引物（10 μmol/L）	1.0	0.4 μmol/L
保守基因下游引物（10 μmol/L）	1.0	0.4 μmol/L
10×PCR Buffer	2.5	1×
dNTPs（2.5 mmol/L）	1.0	0.1 mmol/L
*Taq*DNA 聚合酶（5 U/μL）	0.5	2.5 U
加 ddH$_2$O 至	25	

采用 1.0% 琼脂糖凝胶检测 PCR 结果，对经 PCR 鉴定为阳性菌液进行质粒提取。

（5）质粒提取

采用北京博大泰克生物基因技术有限公司生产的 B 型小量质粒快速提取试剂盒抽提质粒，具体步骤如下。

a. 1.5 mL 离心管收集菌体，室温 12 000 r/min 离心 1 min，分两次收集过夜培养的 3 mL 菌液。

b. 用 100 μL 溶液 1 充分重悬细胞至管底没有沉淀并且无块状悬浮。

c. 加入 150 μL 溶液 2，立即温和上下颠倒离心管 5~6 次，使菌体充分裂解，形成透明溶液，随后将离心管放置于冰上 1~2 min。

d. 加入 150 μL 溶液 3，立即温和颠倒离心管数次至蛋白絮状沉淀不再增加，室温放置 5 min，12 000 r/min 离心 5~8 min。

e. 向一个新的吸附柱中加入 420 μL 结合缓冲液，然后将上清液小心转移至离心吸附柱中，尽量避免取到蛋白沉淀，混匀。

f. 室温 12 000 r/min 离心 30 s，倒掉废液，收集管中的液体，将离心吸附柱装回废液收集管。

g. 向吸附柱中加入 700 μL 漂洗液，12 000 r/min 离心 30 s，倒掉废液并将离心吸附柱装回废液收集管。

h. 重复步骤 g。

i. 倒掉废液后将离心吸附柱装回废液收集管，空管 12 000 r/min 离心

2 min 以完全去除漂洗液。

j. 将吸附柱移至一个干净的 1.5 mL 离心管中，向吸附柱膜中央加入 50 μL 洗脱缓冲液，室温放置 1~2 min，12 000 r/min 离心 2 min。

k. 采用核酸微量分析仪测定质粒浓度。

（6）重组质粒酶切鉴定

由于外源片段插入 pMD 18-T vector 多克隆位点的两个 EcoR I 酶之间，因此采用 EcoR I 对提取质粒进行酶切验证。

酶切体系：10×限制性内切酶缓冲液 H 2.0 μL，EcoR I 1.0 μL，质粒 DNA 100 ng，灭菌水补充体系至 20 μL。

反应条件：37℃保温 1.5 h，1%琼脂糖凝胶检测酶切结果。

（7）测序

重组质粒委托宝生物工程（大连）有限公司测序，一般一个样品测 3 个阳性克隆，便于测序结果互为参考，测序过程采用桑格双脱氧法，采用两端测序的方式。测序过程所用引物如下。

M13F：GGTAACGCCAGGGTTTTCC；

M13R：CAGGAAACAGCTATGACC。

每个测序反应可以测定 700~800 bp，可以满足本研究中 16S rRNA 基因巢式 PCR、rp 基因、tuf 基因克隆结果测序，对于以 P1/P7 为引物的直接 PCR 扩增结果克隆后测序还需要根据两端测序结果再设计 1 对内部的测序引物来完成整个片段测序，因为 P1/P7 扩增片段长度为 1.8 kb。

2.2.1.5　序列分析

将测序返回结果通过 LaserGene program（version 7.1.0，DNASTAR，Madison，USA）和 Vector NTI Advance 11 Program（Invitrogen）11.5 进行校正和拼接。校正并拼接好后，将获得的序列输入 GenBank（http：//www.ncbi.nlm.nih.gov）进行 BLASTn 比对，初步确定获得序列的基本信息。采用 DNAMAN 6.0 软件对所得到的核苷酸序列与 GenBank 中收录的植原体相应基因进行核苷酸和氨基酸一致性分析。系统发育进化树构建使用 MEGA 5.0（Tamura et al.，2007），采用 NJ 法（Neighbour-Jioning），重复值为 1 000 进行 Bootstrap 检验，选择 Acholeplasma laidlawii JA1（M23932）为外参。

2.2.2 结果与分析

2.2.2.1 16S rRNA 序列基本特征

从以上 39 种寄主植物，分析得到 40 种 16S rRNA 基因序列。其中，在南瓜中得到两个不同的 16S rRNA 基因序列。40 个 16S rRNA 基因序列基本特征如表 2-16 所示。

表 2-16 40 个植原体株系 16S rRNA 长度、GC 含量和登录号

植原体株系	16S rRNA 基因		GenBank 登录号
	长度/bp	G+C 含量/%	
泡桐丛枝（Paulownia witches'-broom, Pau-WB）	1 237	47	DQ851169
酸枣丛枝（Wild jujube witches'-broom, WjWB）	1 239	46	DQ886426
枣疯病（Jujube witches'-broom, JWB）	1 239	46	DQ919060
狗牙根白叶（Cynodon dactylon white leaves, CdWL）	1 247	46	EU999999
苦楝丛枝（Chinaberry witches'-broom, Cb-WB）	1 246	47	FJ537132
苦楝黄化（Chinaberry yellows, CY）	1 246	47	FJ537133
苹果衰退（Apple decline, AD）	1 248	46	GU586972
樱桃李黄化（Cherry plum yellows, CpY）	1 246	47	HM131809
中华小苦荬扁茎（China ixeris flat stem, CiFS）	1 246	47	HM990973
凤仙花绿变（Rose balsam phyllody, RBP）	1 246	47	HQ646367
辣椒丛枝（Pepper witches'-broom, Pep-WB）	1 245	47	JF734910
仙人掌丛枝（Cactus witches'-broom, CaWB）	1 247	47	JN582265
普那菊苣扁茎（Puna chicory witches'-broom, PcWB）	1 248	46	JN582266

70

（续表）

植原体株系	16S rRNA 基因		GenBank 登录号
	长度/ bp	G+C 含量/ %	
五角枫丛枝（Japanese maple witches'-broom, JmWB）	1 246	47	JQ015183
苜蓿丛枝（Alfalfa witches'-broom, AWB）	1 248	46	JQ343221
桃黄化（Peach yellows, PY）	1 248	46	KF523369
凌霄花丛枝（Chinese trumpet creeper witches'-broom, CtcWB）	1 246	47	未提交（附录2）
甜樱桃丛枝（Sweet cherry witches'-broom, ScWB）	1 248	46	未提交（附录2）
国槐丛枝（Sophora japonica witches'-broom, SjWB）	1 248	46	未提交（附录2）
刺槐丛枝（Robinia pseudoacacia witches'-broom, RpWB）	1 248	46	未提交（附录2）
南瓜丛枝1（Squash witches'-broom 1, SWB1）	1 244	47	未提交（附录2）
南瓜丛枝2（squash witches'-broom 2, SWB2）	1 243	47	未提交（附录2）
早园竹丛枝（Phyllostachys propinqua witches'-broom, PpWB）	1 246	47	未提交（附录2）
菲白竹丛枝（Sasa fortune witches'-broom, SfWB）	1 246	47	未提交（附录2）
油菜绿变（Brassica rapa virescence, BrV）	1 251	45	未提交（附录2）
狗尾草绿变（Green bristlegrass virescence, GbV）	1 246	47	未提交（附录2）
月季绿变（Rosa chinensis virescence, RcV）	1 246	47	未提交（附录2）
菊花绿变（Chrysanthemum virescence, CV）	1 246	47	未提交（附录2）
樱花绿变（Sakura virescence, SV）	1 245	47	未提交（附录2）
樱花黄化（Sakura yellows, SY）	1 248	46	未提交（附录2）
马唐黄化（Digitaria yellows, DY）	1 248	46	未提交（附录2）

（续表）

植原体株系	16S rRNA 基因		GenBank 登录号
	长度/ bp	G+C 含量/ %	
葡萄黄化（Vitis vinifera yellows，VvY）	1 246	47	未提交（附录 2）
谷子黄化（Millet yellows，MY）	1 246	47	未提交（附录 2）
桔梗扁茎（Platycodon grandiflorum flat stem，PgFS）	1 246	47	未提交（附录 2）
国槐扁茎（Sophora japonica flat stem，SjFS）	1 243	47	未提交（附录 2）
紫薇扁茎（Lagerstroemia indica flat stem，LiFS）	1 246	47	未提交（附录 2）
芝麻扁茎（sesame flat stem，SFS）	1 246	47	未提交（附录 2）
谷子红叶（Millet reddening，MR）	1 246	47	未提交（附录 2）
狗尾草红叶（Green bristlegrass reddening，GbR）	1 246	47	未提交（附录 2）
马铃薯紫顶（Potato purple top，PpT）	1 256	45	未提交（附录 2）

2.2.2.2 基于 16S rRNA 序列的系统发育分析

将获得的 40 个植原体株系 16S rRNA 基因序列（表 2-16）与 IRPCM（国际比较菌原体学研究计划署）已经明确的 8 个植原体暂定种：'Ca. P. asteris''Ca. P. solani''Ca. P. mali''Ca. P. aurantifolia''Ca. P. pruni''Ca. P. cynodontis''Ca. P. trifolii''Ca. P. ziziphi'以及作为外参的 Acholeplasma laidlawii JA1（M23932）进行序列比对，并构建系统发育树（图 2-33）。从图上可以看出植原体聚集形成一个大的分枝，明显区别于属于支原体的 Acholeplasma laidlawii。从系统发育树上可以看出，CY、PgFS、CV、VvY、GbR、PauWB、SjFS、CbWB、PepWB、SV、LiFS、RBP、CpY、JmWB、RcV、MR、PpWB、SFS 与'Ca. P. asteris'聚集在一起形成一个独立的分枝，表明该 18 个植原体株系与'Ca. P. asteris'暂定种亲缘关系较近；另外，该分枝与 CiFS、CtcWB、MY、SfWB、GbV 形成的分枝关系最近。在 16Sr 分类系统中，'Ca. P. asteris'为 16Sr Ⅰ 组的代表株系，因而据此可以推断该 23 个株系属于 16Sr Ⅰ 组。南瓜丛枝植原体的 2 个株系

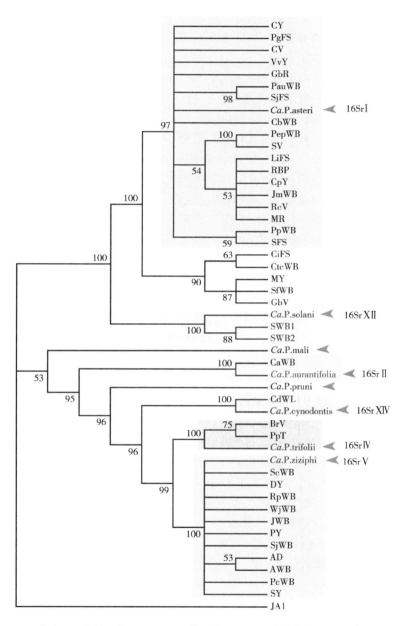

图 2-33 根据 40 个植原体 16S rRNA 基因序列和已明确的暂定种序列构建的系统发育树
红色箭头指示暂定种。

（SWB1 和 SWB2）与‘*Ca. P. solani*’聚成一个分枝，表明它们属于 16Sr XII 组；仙人掌丛枝（CaWB）与‘*Ca. P. aurantifolia*’聚集，表明属于 16Sr II 组；狗牙根白叶（CdWL）与‘*Ca. P. cynodontis*’聚集，属于 16Sr XIV 组；油菜绿变（BrV）和马铃薯紫顶（PpT）与‘*Ca. P. trifolii*’聚集，属于 16Sr VI 组。甜樱桃丛枝（ScWB）、马唐黄化（DY）、刺槐丛枝（RpWB）、酸枣丛枝（WjWB）、枣疯病（JWB）、桃黄化（PY）、国槐丛枝（SjWB）、苹果衰退（AD）、苜蓿丛枝（AWB）、普那菊苣扁茎（PcWB）、樱花黄化（SY）与‘*Ca. P. ziziphi*’聚集成簇，形成一个大的分枝，表明它们属于 16Sr V 组。以上结果表明 40 个植原体株系与特定的暂定种关系较近，可能属于该暂定种；但是还需要进一步对其昆虫介体、寄主范围等多种因素综合分析考虑。同时，明确了植原体的 16Sr 组所属情况。

基于上面的分析结果本研究确定了 40 个植原体株系分别属于 16Sr I 组、16Sr V 组、16Sr VI 组、16Sr XII 组和 16Sr XIV 组。将这 40 个植原体株系分别与所在植原体组中各亚组代表株系进行 16S rRNA 序列比对，并构建系统发育进化树（图 2-34）。从系统发育树中可以看出：辣椒丛枝（PepWB）、樱花绿变（SV）聚集，并与凤仙花绿变（RBP）、谷子红叶（MR）、五角枫丛枝（JmWB）、月季绿变（RcV）、樱桃李黄化（CpY）、紫薇扁茎（LiFS）进一步聚集成簇，早园竹丛枝（PpWB）与芝麻扁茎（SFS），泡桐丛枝（PauWB）与国槐扁茎分别聚集，以上 3 个分枝与狗尾草红叶（GbR）、菊花绿变（CV）、苦楝黄化（CY）、葡萄黄化（VvY）、桔梗扁茎（PgFS）、OY-M（NC_005303）、PaWB（AY265206）最终聚集形成一个大的分枝，其中 OY-M（NC_005303）为 16Sr I -B 亚组代表，PaWB（AY265206）为 16Sr I -D 亚组代表。由于 PaWB 具有两个异质的 16S rRNA 基因，所以它们在分类上常常属于 16Sr I -B/D 亚组。由上述可知这 18 个植原体株系与 16Sr I -B/D 亲缘关系密切，但分类地位暂时不明确，需要进一步 RFLP 分析确认。中华小苦荬扁茎（CiFS）、凌霄花丛枝（CtcWB）、狗尾草绿变（GbV）、菲白竹丛枝（SfWB）、谷子黄化（MY）与三叶草绿变植原体（CPh，AF222065）聚集在一个分枝，关系密切，因此，其与三叶草绿变植原体（CPh）分类地位一致，为 16Sr I -C 亚组。南瓜丛枝植原体（SWB1 和 SWB2）与‘*Ca. P. solani*’（AJ964960，16Sr XII -A 亚组）聚成一个分枝，说明这两个株系可能属于 16Sr XII - A 亚组；仙人掌丛枝（CaWB）与云南仙人掌丛枝株系（CWB，AJ293216）聚集，属于 16Sr II -A 亚组；狗牙根白叶（CdWL）与‘*Ca. P. cynodontis*’（AJ964960，16Sr XIV -A

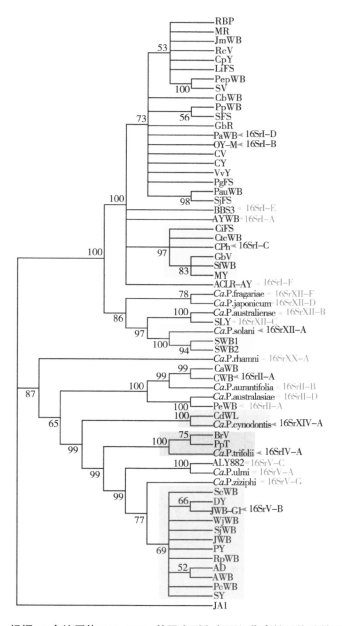

图 2-34 根据 40 个植原体 16S rRNA 基因序列和各亚组代表株系构建的系统发育树
箭头指示代表株系。

亚组）聚集，属 16SrⅪⅤ-A 亚组；油菜绿变（BrV）和马铃薯紫顶（PpT）与 'Ca. P. trifolii'（AJ964960，16SrⅥ-A 亚组）聚集，可能为 16SrⅥ-A，确切分类地位需要 RFLP 分析进一步确定。马唐黄化（DY）与 JWB-G1 株系（AB052876）聚集，苹果衰退（AD）与苜蓿丛枝（AWB）聚集，并与甜樱桃丛枝（ScWB）、酸枣丛枝（WjWB）、国槐丛枝（SjWB）、枣疯病（JWB）、桃黄化（PY）、刺槐丛枝（RpWB）、普那菊苣扁茎（PcWB）、樱花黄化（SY）构成大的分枝，说明几个植原体株系可能属于 16SrⅤ-B 亚组，确切分类地位需要 RFLP 分析进一步确定。

2.2.2.3 *rp* 基因扩增结果和序列分析

采用 16SrⅥ组植原体 *rp* 基因特异引物 rpF1C/rp（Ⅰ）R1A 从表现花器绿变症状的油菜和表现紫叶和叶腋增殖的马铃薯植株中获得了 1.2 kb 的目标片段（图 2-35）。

采用 16SrⅠ组植原体 *rp* 基因特异引物 rpF1/rpR1 和 rp（Ⅰ）F1A/rp（Ⅰ）R1A 进行巢式 PCR，从表现丛枝、黄化症状的苦楝；表现丛枝症状的凌霄花；表现花器绿变、红叶、黄化症状的狗尾草样品中均获得了 1.2 kb 的目标片段（图 2-35）。

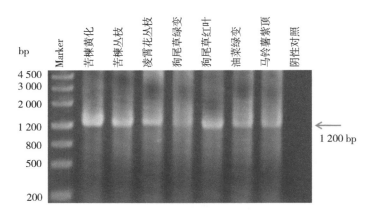

图 2-35　16SrⅠ组植原体和 16SrⅥ组植原体 *rp* 基因 PCR 电泳结果

目标片段均为 1.2 kb；1~5：采用 16SrⅠ组植原体 *rp* 基因特异引物 rpF1/rpR1 和 rp（Ⅰ）F1A/rp（Ⅰ）R1A 进行巢式 PCR；6~7：采用 16SrⅥ组植原体 *rp* 基因特异引物 rpF1C/rp（Ⅰ）R1A 进行直接 PCR；阴性对照：灭菌双蒸水。

采用植原体 16SrⅤ组植原体 *rp* 基因特异引物 rp（Ⅴ）F1/rpR1 和

rp（Ⅴ）F2／rpR1 进行半巢式 PCR，从表现丛枝症状的甜樱桃、枣疯病、酸枣丛枝、国槐丛枝、刺槐丛枝样品中均获得了 0.9 kb 的目标片段（图 2-36）。

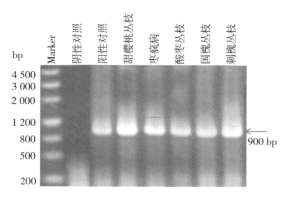

图 2-36　16SrⅤ组植原体 *rp* 基因 PCR 电泳结果

目标片段均为 0.9 kb；阴性对照：灭菌双蒸水；阳性对照：樱桃致死性黄化。

2.2.2.4　*rp* 基因序列基本特征

rp 基因测序返回结果处理方式同 16S rRNA 基因，基本信息见表 2-17。

表 2-17　12 个植原体株系 *rp* 基因长度

植原体株系	*rp* 基因长度／bp	GenBank 登录号
酸枣丛枝（Wild jujube witches'-broom，WjWB）	926	未提交（附录 3）
枣疯病（Jujube witches'-broom，JWB）	926	未提交（附录 3）
苦楝黄化（Chinaberry yellows，CY）	1 242	未提交（附录 3）
凌霄花丛枝（Chinese trumpet creeper witches'-broom，CtcWB）	1 212	未提交（附录 3）
甜樱桃丛枝（Sweet cherry witches'-broom，ScWB）	926	未提交（附录 3）
国槐丛枝（Sophora japonica witches'-broom，SjWB）	1 191	未提交（附录 3）
刺槐丛枝（Robinia pseudoacacia witches'-broom，RpWB）	1 191	未提交（附录 3）
油菜绿变（Brassica rapa virescence，BrV）	1 269	未提交（附录 3）
狗尾草绿变（Green bristlegrass virescence，GbV）	1 222	未提交（附录 3）
狗尾草红叶（Green bristlegrass reddening，GbR）	1 242	未提交（附录 3）
马铃薯紫顶（Potato purple top，PpT）	1 269	未提交（附录 3）
苦楝丛枝（Chinaberry witches'-broom，CbWB）	1 242	未提交（附录 2）

2.2.2.5 基于 *rp* 基因序列的系统发育分析

基于获得的 12 个 *rp* 基因序列，选用 AV2192（AY264858）、HYDP（AY264868）、MBS（AY264858）、PWB（EF183487）、CP（EF183486）、CLY5（AY197679）、PYIn（AY197680）为参考序列，构建系统发育进化树（图 2-37）。其中 AV2192 属于 rp I -B 亚组，MBS 属于 rp I -L 亚组，HYDP 属于 rp I -B 亚组，PWB 属于 rp Ⅵ-A 亚组，CP 属于 rp Ⅵ-A 亚组，CLY5、PYIn 属于 rp Ⅴ-B 亚组。从进化树上可以看出，WjWB、ScWB、JWB、RpWB、SjWB 与 CLY5、PYIn 聚集在一起，说明这 5 个植原体株系属于 rp Ⅴ-B 亚组。BrV 与 PpT 形成单独分枝，并与 PWB、CP 形成单独一枝，表明 BrV、PpT 与 rp Ⅵ-A 亚组关系很近。CtcWB、GbV、GbR、CY、CbWB 与 AV2192、HYDP 及 MBS 聚合在一起，形成一个大的分枝，表明这 5 个植原体株系属于 rp I 组，但亚组无法确定，需要进一步的证据。

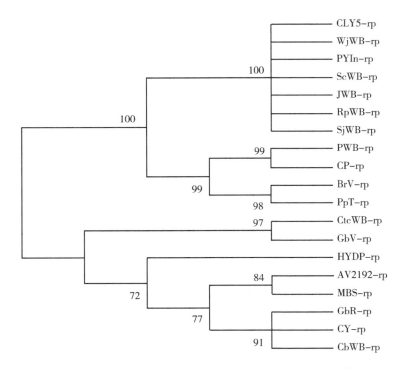

图 2-37 基于 12 个植原体株系 *rp* 基因和已知 *rp* 序列构建的系统发育进化树

2.2.2.6　RFLP 分析确定亚组分类地位

应用基于植原体 16S rRNA 基因 R16F2n/R16R2 区间，可以和 GenBank 数据库中其他植原体 16S rRNA 基因序列相关联的植原体在线分类工具 *i*Phyclassifier（Zhao et al.，2009）对获得的植原体进行分类，确定组和亚组分类地位（图 2-38）。

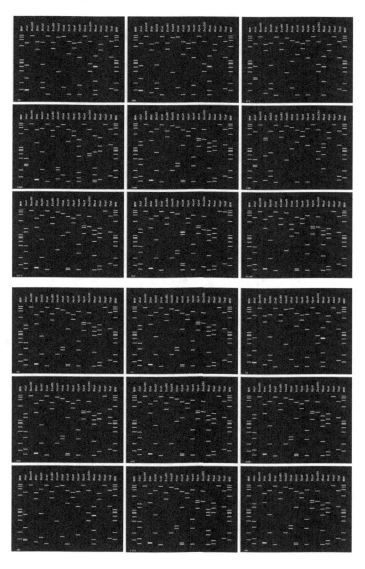

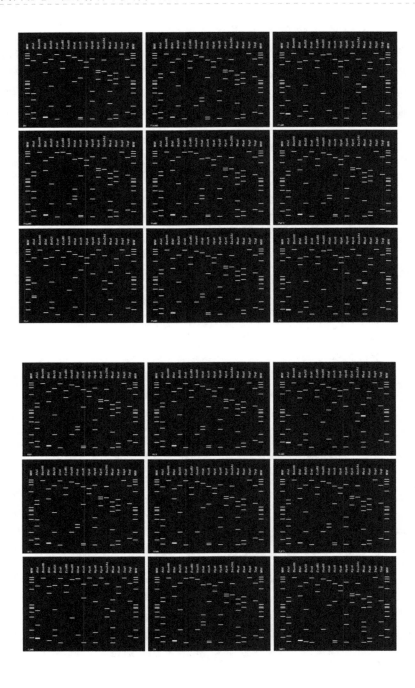

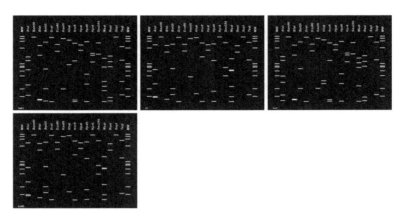

图 2-38　在线分类工具 *i*Phyclassifier 构建的 39 个植原体株系虚拟 RFLP 分析结果

依次为 AD、AWB、BrV、CaWB、CbWB、CdWL、CiFS、CpY、CtcWB、CV、CY、DY、GbR、GbV、JmWB、JWB、LiFS、MR、MY、PauWB、PcWB、PepWB、PgFS、PpT、PpWB、PY、RBP、RcV、RpWB、ScWB、SFS、SfWB、SjFS、SiWB、SV、SWB1、SWB2、SY、VvY、WjWB。

　　*i*Phyclassifier 软件是基于 16S rRNA 基因 R16F2n/R16R2 区间序列，用软件中存储的 17 种限制性内切酶进行虚拟酶切，然后和 DB2 数据库中所有植原体组和亚组代表株系相同区间的虚拟酶切结果进行比较从而得出相似性系数，其中植原体组的划分标准是 0.85，即相似性系数小于等于该数值时可以划分出新的组，亚组的划分标准是 0.97，当相似性系数小于等于该数值时可以划分为新的亚组。

　　根据 *i*Phyclassifier 软件的输出结果明确了 39 个植原体株系的分类地位。苹果衰退（AD）属于 16SrⅤ-B 亚组，AWB 属于 16SrⅤ-B 亚组，油菜绿变（BrV）属于 16SrⅥ-A 亚组，仙人掌丛枝属于 16SrⅡ-A 亚组，苦楝丛枝（CbWB）属于 16SrI-B 亚组，狗牙根白叶（CdWL）属于16SrⅩⅣ-A亚组，中华小苦荬扁茎（CiFS）属于 16SrI-C 亚组、樱桃李黄化（CpY）属于 16SrI组一个新的亚组、凌霄花丛枝（CtcWB）属于 16SrI-C 亚组、菊花绿变（CV）属于 16SrI-B 亚组、苦楝黄化（CY）属于 16SrI-B 亚组、马唐黄化（DY）属于属于 16SrⅤ-B 亚组、狗尾草红叶（GbR）属于 16SrI-B 亚组、狗尾草绿变（GbV）属于 16SrI-B 亚组、五角枫丛枝（JmWB）属于 16SrI-D 亚组、枣疯病（JWB）属于 16SrⅤ-B 亚组、紫薇扁茎（LiFS）属于 16SrI组新亚组、谷子红叶（MR）属于 16SrI-B 亚组、谷子黄化（MY）属于 16SrI-C 亚组、泡桐丛枝（PauWB）属于 16SrI-D 亚组、普那菊苣扁茎（PcWB）属于 16SrⅤ-B 亚组、辣椒丛枝

（PepWB）属于 16SrI-B 亚组、桔梗扁茎（PgFS）属于 16SrI组新亚组、马铃薯紫顶（PpT）属于 16SrVI-A 亚组、早园竹丛枝（PpWB）属于 16SrI组新亚组、桃树黄化（PY）属于 16SrV-B 亚组、凤仙花绿变（RBP）属于 16SrI-B 亚组、月季绿变（RcV）属于 16SrI-B 亚组、刺槐丛枝（RpWB）属于 16SrV-B 亚组、甜樱桃丛枝（ScWB）属于 16SrV-B 亚组、芝麻扁茎（SFS）属于 16SrI-B 亚组、菲白竹丛枝（SfWB）属于 16SrI-C 亚组、国槐扁茎（SjFS）属于 16SrI组新亚组、国槐丛枝（SiWB）属于 16SrV-B 亚组、樱花绿变（SV）属于 16SrI组一个新亚组、SWB1 属于 16SrII-A 亚组、SWB2 属于 16SrII组新亚组、樱花黄化（SY）属于 16SrV-B 亚组、葡萄黄化（VvY）属于 16SrI-B 亚组、酸枣丛枝（WjWB）属于 16SrV-B 亚组。

2.2.3　小结

从 39 个样品中获得了 40 个 16S rRNA 基因序列，这些序列长度为 1 242～1 251 bp，G+C 含量为 45.0%～47.6%，符合植原体 16S rRNA 基因低 G+C 含量的特征。

基于 16S rRNA 基因序列构建的进化树分析证明，在陕西省存在的植原体与 'Ca. P. solani' 'Ca. P. trifolii' 'Ca. P. cynodontis' 'Ca. P. aurantifolia' 'Ca. P. ziziphi' 和 'Ca. Phytoplasma asteris' 等 6 个暂定种关系密切。其中 'Ca. Phytoplasma asteris' 和 'Ca. P. ziziphi' 种发生最普遍，寄主最广泛，株系最多。其中 'Ca. P. solani' 存在 2 个株系，'Ca. P. trifolii' 存在 2 个株系、'Ca. P. cynodontis' 存在 1 个株系、'Ca. P. aurantifolia' 存在 1 个株系、'Ca. P. ziziphi' 存在 12 个株系、'Ca. Phytoplasma asteris' 存在 23 个株系，在分类上分别属于 16SrI-B 亚组、16SrI-D 亚组、16SrI-C 亚组和 16SrI组新亚组，16SrII-A 亚组，16SrV-B 亚组，16SrVI-A 亚组，16SrXII-A 亚组和 16SrXII组新亚组，16SrXIV-A 组。

2.3　植原体的透射电镜检测及其形态学

自植原体被发现以来，一直无法实现对其离体培养。虽然有报道称成功培养了植原体，但该方法尚不普遍或因种种因素并未广泛应用。所以，目前为止，植原体的检测和鉴定，仍然主要依赖于分子生物学技术，传统的微生物学研究方法并不适用。通过对几个保守基因的研究，如 16S rRNA 基因、*tuf* 基因、*rp* 基因、*sec* 基因，达到诊断病害与植原体相关性的目的。该方法因简单易行、快速灵敏而被广泛适用，并被普遍认可。但同样由于这些参照基因的保守性，导致了假阳性的可能。因此，在分子检测之后，通过组织学方法，如透射电子显微镜技术，对样品进行进一步检测，以植原体粒子的存在作为直接证据，具有十分重要的意义和必要性。

本研究应用透射电子显微镜，检测了多个 PCR 阳性样品的超薄切片。一方面，为病害与植原体的相关性提供了直接的证据——植原体粒子的存在；另一方面，获得了相关植原体的形态学数据。

2.3.1　材料与方法

2.3.1.1　材料来源

本研究使用的植物材料，主要取自 PCR 检测为植原体侵染呈阳性的新鲜植株。具体有：表现丛枝症状的泡桐、苜蓿、五角枫、辣椒、狗牙根；表现黄化症状的苦楝、桃、樱桃李；表现扁茎症状的普那菊苣以及表现衰退症状的苹果。

2.3.1.2　超薄切片制备

参照 Li 等（2012）的方法进行样品制备，具体步骤如下。

a. 从感病植株采摘新鲜叶片，用蒸馏水轻微冲洗叶表面，然后从叶中脉切出 5 mm×5 mm 的小块，立即放入 2.5%的戊二醛固定液；抽真空，使样品完全浸没、沉入固定液；沉入固定液，4℃放置过夜。

b. 倒掉旧的固定液，加入新的同一固定液，再固定 3 h；随后，移除固定液，用磷酸缓冲液（0.1 mmol/L、pH 7.0）漂洗 1 h，重复 3~4 次，每次使用新鲜磷酸缓冲液。

c. 移除磷酸缓冲液，加入 1%锇酸固定液（通风橱中进行），固定 3 h；再次漂洗，同 b。

d. 移除漂洗液，用乙醇梯度脱水：乙醇浓度依次为 50%、70%（可过夜）、80%、90%、95%、100%，除 100%乙醇脱水 30 min，其他浓度均脱水 15 min；最后加入环氧丙烷，30 min，重复一次。

e. 按说明配置 Epon812 包埋剂，按下列步骤注入瓶中。

环氧丙烷：包埋剂=3∶1，渗透 1 h；环氧丙烷：包埋剂=1∶1，渗透 1 h；环氧丙烷：包埋剂=1∶3，渗透 2 h；纯包埋剂渗透 5 h 或过夜。

f. 将样品按需求放置于包埋板底部，注入包埋剂；随后在 37℃聚合 12 h、45℃、12 h、60℃、24 h。

g. 用单面刀片切割、修理包埋块前端，呈梯形；随后切片

83

（ULTRACUT 超薄切片机）；捞取超薄切片，用醋酸双氧铀及柠檬酸铅双重染色后，干燥处备用。

2.3.1.3 电镜检测

将切片仔细检查、编号后，确认待检测的超薄切片位置正确，随后加载铜网；在透射电镜观测窗口，对切片进行检测，并照相记录。所使用的透射电镜型号为 HT7700 透射电子显微镜，检测电压为 80 kV。

2.3.2 结果与分析

2.3.2.1 植原体粒子检测结果

通过对超薄切片的电镜观察，在被检测的 10 种植物材料中，均发现植原体粒子的存在。电镜检测与 PCR 检测结果一致（图 2-39）。

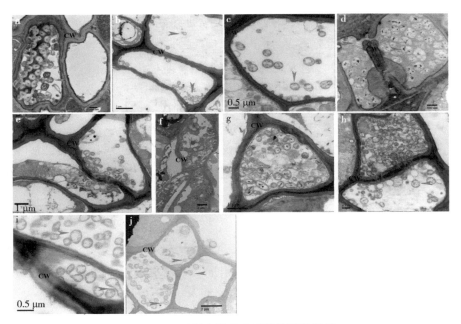

图 2-39 透射电镜观察到的植原体粒子

表现丛枝症状的：a，狗牙根；b，辣椒；c，苜蓿；d，泡桐；e，五角枫；表现黄化症状的：f，苦楝；g，桃；h，樱桃李；i，普那菊苣扁茎；j，苹果衰退。红色箭头指示每个植物细胞中的植原体粒子；CW，细胞壁。

2.3.2.2　样品中植原体的形态学特征

在 10 个检测样品中，植原体颗粒均存在于植物的韧皮部，且筛管和伴胞中均有分布（图 2-39d、e、h、i）。但由于超薄切片所能反映的信息量有限，并不能确定韧皮部薄壁细胞是否也有植原体存在。

在细胞内，植原体的数量差别较大。有些样品的细胞内，植原体颗粒数量寥寥无几（图 2-39b、c、j）；有些则塞满整个细胞，呈拥挤的状态（图 2-39d、g、h）。另外，当植原体的颗粒数量较少时，倾向于沿着细胞壁分布（图 2-39b、e、h、j）。

植原体粒子的形态比较多样，主要有圆球形、哑铃形和不规则的分枝形等形态，充分表现出植原体的多态性。

观察的植原体粒子大小各不相同，为 200～850 nm（表 2-18）。同时，从表 2-18 中可以看出，植原体粒子的大小与寄主种类或症状并无明显关联。

表 2-18　植原体粒子大小

病害症状	草本寄主		木本寄主		粒子大小范围/nm
	植物种类	植原体粒子大小/nm	植物种类	植原体粒子大小/nm	
丛枝	狗牙根	250～300	五角枫	200～300	250～840
	辣椒	250～625	泡桐	400～550	
	苜蓿	300～400			
黄化			苦楝	450～850	170～850
			桃	250～450	
			樱桃李	170～550	
扁茎	普那菊苣	200～320			—
衰退			苹果	200～700	—
粒子大小范围/nm	200～625		170～850		

从电镜图中可以看出，植原体粒子没有细胞壁，只具有单层膜结构。在细胞的中心区域，有高浓度的纤维状结构，推测其为植原体的基因组 DNA；沿细胞膜内侧，有一些高浓度的微小颗粒状物质，可能是植原体细胞内所含的核糖体。

另外，还观察到一些细胞，其中部向内缢缩，可能是正处于二分裂增殖时期的菌体（图2-39），有的菌体细胞外膜向外凸起，形成芽状泡囊，可能是处于出芽增殖时期的细胞（图2-39g、i、j）。

还可以看出，植原体能够穿过侧筛孔向相邻的细胞移动。其在穿越过程中，可能先附着于筛孔内的胞间连丝，然后再通过某种方式穿越细胞，而实现在细胞间的移动（图2-39d、e、h）。

2.3.3 小结

本研究用透射电子显微镜，在待测的10个样品超薄切片中，检测到植原体粒子的存在。

植原体粒子形态学特征明显：没有细胞壁，有单层膜包被的细胞；具有多种形态，且形态与寄主种类、病症并无明显关联。还观察到处于不同发育时期的植原体粒子。

观察到附着于筛孔区的植原体粒子，其可能是植原体实现细胞间穿梭的重要方式。

2.4 植原体资源保存

目前尚无法实现在实验室保存植原体菌体资源。植原体在自然界中，有十分广泛的植物寄主。但是，其植物寄主也无法作为稳定的资源供体。首先，植物容易受到环境的影响，气候、动物取食、人为破坏等都能使植物寄主受到破坏，从而导致植原体资源的流失。其次，随植物生长周期结束，其内寄生的植原体也会随之消失，如一年生植物。这也是造成植原体资源流失的重要原因。最后，受到植原体侵染的植物，通常会随着年份的增加而逐渐死亡。以上这些原因，决定了自然、野外的植物寄主不太可能成为植原体保存介体，以及提供研究材料的介体。

利用温室培养的长春花，相对成功地解决了这一难题。长春花属于夹竹桃科，是一种常见的多年生植物。选择长春花作为植原体的保存介体，主要是因为长春花非常容易受到植原体的侵染，并且能够表现出多种不同的症状。为什么长春花对植原体敏感尚没有答案，但这并不影响人们选择应用长春花。

本研究采用嫁接、菟丝子传毒、昆虫饲喂传毒等不同的方法，成功地将几种植原体传播、保存到了长春花上。

2.4.1　材料与方法

2.4.1.1　材料

（1）主要工具器材

嫁接：单面刀片、封口膜。

菟丝子传毒：钩子、尼龙绳、固定作用的材料。

昆虫传毒：捕虫网、纱网、有通气导管的玻璃试管、保持一定湿度的容器。

（2）植物材料

温室内保存的健康长春花、传代繁殖的无毒菟丝子、用于保存菟丝子的无毒绣球。

（3）昆虫材料

小麦蓝矮病发生区域用捕虫网捕捉的条沙叶蝉、泡桐丛枝树上用吸虫管捕捉的小绿叶蝉。

2.4.1.2　生物材料准备

（1）健康长春花的准备

研究中使用的长春花必须严格保证无毒，其准备和繁殖要按照严格的流程进行。具体步骤如下。

a. 将新购置的腐殖土装入干净的容器，放到灭菌锅中灭菌；取出，冷却后装入干净花盆。

b. 选择饱满的长春花种子，快速过水约 2 s，随后播种到灭菌好的土壤中，每盆中可播种 3 粒；最终保留一株使用。

c. 播种后，立即将花盆移入温室，温室温度约 20℃；种子萌发直至应用，要确保温室内没有昆虫取食，没有机械性损伤。

d. 大约 7 d 种子萌芽；3 个月左右可长至约 15 cm，此时方可用于试验。

（2）健康菟丝子的准备

a. 用灭菌后的腐殖土，繁殖无毒的绣球作为菟丝子的繁殖寄主；

b. 取无毒的菟丝子种子，均匀播撒在种有绣球的花盆内，使其寄生并繁殖；

c. 经 PCR 测试为植原体阴性的菟丝子，可以用于传毒。

（3）介体昆虫的准备

a. 在植原体发生地点、昆虫活动频繁的地方，设置捕虫板或者用网捕捉。

b. 从捕捉的昆虫中，选择可能的介体昆虫，通常为刺吸式口器。

c. 将挑选的昆虫妥善保存于湿润的带有气孔的试管内，保持其活性带回实验室备用。

2.4.1.3 传毒操作

（1）菟丝子传毒

a. 选取大小适中的健康长春花，置于菟丝子周围，使菟丝子的藤状结构能够攀附其上；可以人工调整菟丝子藤的延伸方向，以便于快速攀附。

b. 保持上述状态约 1 周，使菟丝子在长春花上充分生长、繁殖。

c. 当菟丝子在长春花上达到一定的生长量时，用灭菌的利器切断部分藤，使长春花能够独立移动。

d. 将已经缠有适量菟丝子的长春花，带至目的植株附近，根据目的植株的生长特点，决定长春花的放置方式。

如果目的植株为高大木本植物，可选择将长春花悬挂到其上嫩枝附近，并固定；然后可调整菟丝子、帮助其与目的植株接触；如果目的植株为草本植物，则要注意避免损伤目的植株。

e. 设置完成后，用纱网将长春花与目的植株罩上，放置昆虫取食；并设置醒目标志，提醒过往的行人以免碰撞。

f. 保持约 2 周，可撤离设置；期间注意浇水、检查。

g. 长春花取回后，立即转到温室，去掉菟丝子，纱网防虫。

h. 进行 PCR 检测，确定是否传毒成功。

i. 观察记录长春花的生长状况。

（2）昆虫传毒

a. 在使用的健康长春花枝条上，用纱网扎一个小口袋，或者用纱网罩住整个植株，使其形成一个封闭的空间。

b. 取出一部分捕捉的昆虫，轻缓地放入纱网；同时，留一部分昆虫进行 PCR 检测。

c. 保持约 1 周，用杀虫剂将残余昆虫杀灭，去除纱网；期间注意植物保湿。

d. 将长春花移入温室，注意避免其他昆虫取食；并注意观察记录长春花的生长状况。

e. 随后可进行 PCR 检测传毒是否成功。

（3）嫁接传毒

当毒源从室外引入温室长春花后，可以通过嫁接的方式，不断在新的长春花上进行繁殖，从而达到保存室内植原体资源的目的。嫁接有不同的方法，如劈接、"T"接等。通常采用劈接的方法，具体操作如下。

a. 用消毒的单面刀片，切取适当长度的带毒长春花的嫩芽为接穗，约 5 cm；接穗比砧木长春花的茎略细。

b. 用刀片切除接穗部分组织，使其形成楔形，两侧均有切口，以便与砧木配合。

c. 去除砧木长春花的茎部顶端，并从中间部位向下纵切；切口的长度与接穗的切口长度相当；注意接穗的切口与砧木的切口要与叶的位置一致为适。

d. 将接穗的切口插入砧木切口，使其紧密贴合。

e. 用封口膜缠绕接口，使其固定，避免污染。

f. 将新嫁接的长春花置于阴凉处约 2 周，避免高温，确保接穗成活。

g. 观察并记录植株的生长状况；进行 PCR 检测，以确保传毒成功。

2.4.2　结果

2.4.2.1　菟丝子传毒结果

应用菟丝子对田间发现的枣疯病和芝麻扁茎进行了传毒。将寄生有菟丝子的健康长春花（图 2-40）分别带至野外发现的感病枣疯和芝麻扁茎（图

图 2-40　寄生有无毒菟丝子的健康长春花

2-41），进行传毒。枣疯病植原体在传毒 1.5 个月后，在长春花上引起症状，症状包括小叶、增殖、丛枝等（图 2-42a）；芝麻扁茎植原体在 2 个月后，在长春花上引起症状，症状包括生长衰退、丛枝等（图 2-42b）。PCR检测结果也为阳性，获得了 1.2 kb 的片段。

图 2-41　用菟丝子将植原体传染到长春花

a. 菟丝子传染枣疯病植原体；b. 菟丝子传染芝麻扁茎植原体。

图 2-42　长春花上表现的症状

a. 枣疯病植原体；b. 芝麻扁茎植原体。

2.4.2.2　昆虫传毒结果

用条沙叶蝉传毒保存了小麦蓝矮植原体（图 2-43）、用小绿叶蝉保存了泡桐丛枝植原体（图 2-44）。在条沙叶蝉和小绿叶蝉传毒 1 周后，长春花表

现症状（图 2-45）。症状包括生长衰退、花器绿变、花变叶等。PCR 检测
结果也为阳性，获得了 1.2 kb 的片段。

图 2-43　条沙叶蝉传染小麦蓝矮植原体

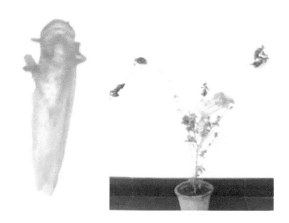

图 2-44　小绿叶蝉传染泡桐丛枝植原体

2.4.2.3　嫁接传毒结果

　　通过菟丝子或昆虫传毒，获得野外毒源后，可以由嫁接传毒（图 2-
46），对毒源进行继代和繁殖。一般 1 个月扩繁 1 次。以芝麻扁茎植原体或
枣疯病植原体感染的长春花为接穗，嫁接健康长春花，一般 3 周后显症；含
小麦蓝矮植原体或泡桐丛枝植原体的接穗，嫁接后约 1 周引起症状。

图 2-45　长春花上表现的症状

a. 小麦蓝矮植原体；b. 泡桐丛枝植原体。

枣疯病发病较慢，但是一旦发病后，植株很快死亡。从症状出现到植株死亡，整个过程不到 2 个月；其他 3 种植原体在长春花上发病后，只要控制湿度和通风，可以维持 1 年左右。

图 2-46　长春花嫁接传毒

2.4.3　小结

通过菟丝子传毒的方式，将枣疯病植原体、芝麻扁茎植原体分别传播到健康的长春花上；二者均可在长春花上引起症状，但有所差异。枣疯病植原体的致死性要强于芝麻扁茎植原体。

通过昆虫传毒的方式，将小麦蓝矮植原体和泡桐丛枝植原体分别传播到健康的长春花上；二者在长春花上引起的症状较相似；致死性亦相似。

用嫁接的方式，对获得的毒源进行了室内繁殖和保存，效果良好。

第 3 章　陕西省植原体株系多样性研究

3.1　陕西省植原体病害多样性

本研究采用巢式 PCR 扩增植原体 16S rRNA 基因，对陕西省植原体病害种类进行了鉴定，判定标准为电泳检测是否扩增到 1.2 kb 的目标片段。在陕西省 10 个市采集的 200 多份植物样品中鉴定到植原体病害 39 种，这 39 种植原体病害分别是：苹果衰退病（AD）、苜蓿丛枝（AWB）、油菜绿变（BrV）、仙人掌丛枝、苦楝丛枝、狗牙根白叶（CdWL）、中华小苦荬扁茎（CiFS）、樱桃李黄化（CpY）、凌霄花丛枝（CtcWB）、菊花绿变（CV）、苦楝黄化（CY）、马唐黄化（DY）、狗尾草红叶（GbR）、狗尾草绿变（GbV）、五角枫丛枝（JmWB）、枣疯病（JWB）、紫薇扁茎（LiFS）、谷子红叶（MR）、谷子黄化（MY）、泡桐丛枝（PauWB）、普那菊苣扁茎（PcWB）、辣椒丛枝（PepWB）、桔梗扁茎（PgFS）、马铃薯紫顶（PpT）、早园竹丛枝（PpWB）、桃黄化（PY）、凤仙花绿变（RBP）、月季绿变（RcV）、刺槐丛枝（RpWB）、甜樱桃丛枝（ScWB）、芝麻扁茎（SFS）、菲白竹丛枝（SfWB）、国槐扁茎（SjFS）、国槐丛枝（SiWB）、樱花绿变（SV）、南瓜丛枝（SWB）、樱花黄化（SY）、葡萄黄化（VvY）、酸枣丛枝（WjWB）。

本研究共鉴定到扁茎病害 4 种，分别为中华小苦荬扁茎（CiFS）、普那菊苣扁茎（PcWB）、桔梗扁茎（PgFS）、国槐扁茎（SjFS），在之前的很多研究中将丛枝、花器绿变、花变叶等症状更多作为植原体病害的生物学标准，但是最近越来越多的植物扁茎类病害被鉴定为植原体相关，所以在以后的研究中，这一类症状也需要引起重视。

本研究中的 39 种植原体病害发生在 17 个科的 34 种植物上，Lee 等的研究报道植原体可以侵染 98 个科的植物，本研究证明陕西省内被植原体侵染植物科占了全世界植物寄主总数的 1/5，表现出丰富的寄主多样性，其中禾本科和蔷薇科植物是最容易受到感染的。

被侵染植物症状也呈现出多样性，丛枝、花器绿变、花变叶、叶片黄化、小叶、扁茎、腋芽增殖等症状都有发生。

3.2　陕西省植原体株系多样性

Lee 等研究报道，在全世界范围内 16SrⅠ组和 16SrⅢ组是分布最为广泛的植原体组，其中 16SrⅠ-B 组和 16SrⅢ-H 是分布最为广泛的两个植原体亚组，在亚组地区发生的有 16SrⅠ组、16SrⅡ组、16SrⅢ组、16SrⅤ组、16SrⅪ组和 16SrⅩⅣ组等 8 个植原体组，在中国北方地区植原体的主流组是 16SrⅠ组和 16SrⅤ组，南方地区是 16SrⅡ组和 16SrⅠ组（Li et al.，2013）。本研究中鉴定出 16SrⅠ组、16SrⅡ组、16SrⅤ组、16SrⅥ组、16SrⅫ组和 16SrⅩⅣ等 6 个植原体组在中国西北地区的发生，丰富了亚组内植原体株系的多样性，为世界不同地区同类植原体进化研究提供依据，在鉴定到的病害中分类地位属于 16SrⅠ-B 和 16SrⅤ-B 的植原体是最多的，这也符合世界范围和中国北方地区的植原体发病规律。

3.2.1　泡桐丛枝植原体

本研究中，泡桐丛枝植原体与 16SrⅠ-B 的代表种处于同一分支，并且有相同的虚拟 RFLP 酶切图谱，说明中国陕西泡桐丛枝植原体的分类地位应该属于 16SrⅠ-B 亚组，Lee 等之前的研究证明采自中国台湾的泡桐丛枝样品在分类地位上属于 16SrⅠ-D 亚组。目前泡桐丛枝植原体是为害中国泡桐产业的第一病害，明确其系统分类地位对于病害防治研究意义重大，很多研究报道泡桐丛枝植原体存在两个异质的 16S rRNA 操纵子基因，因此在分类上应该属于 6SrⅠ-B/D 亚组，本研究挑取了大量的单克隆测序没有测到另一个基因的存在。所以本研究中陕西泡桐丛枝植原体在分类地位上应该属于 16SrⅠ-B 亚组。

3.2.2　枣疯病植原体和酸枣丛枝植原体

本研究中，枣疯病植原体和酸枣丛枝植原体在分类地位上都属于 16SrⅤ-B 亚组，虚拟 RFLP 酶切图谱一致，核酸一致性>99.5%，在这两种植物上引起症状类似，前人的研究证明这两种病害均为凹缘菱纹叶蝉传播，所以这两种病害可能是同一病原引起，核酸差异可能是寄主差异造成的。

3.2.3　禾本科植物植原体多样性

　　在狗尾草、马唐、早园竹、菲白竹、狗牙根、谷子上鉴定到了植原体侵染，采自韩城的狗尾草绿变由 16SrⅠ-C 亚组植原体引起，采自韩城的谷子黄化也是由 16SrⅠ-C 亚组引起，采自杨凌地区的马唐草黄化由 16SrⅤ-B 亚组引起，早园竹丛枝由 16SrⅠ-B 亚组植原体引起，菲白竹丛枝由 16SrⅠ-C 亚组植原体引起，采自杨凌地区的狗尾草红叶由 16SrⅠ-B 亚组植原体引起，采自杨凌地区的谷子红叶也是由 16SrⅠ-B 亚组植原体引起，狗牙根白叶则是由 16SrⅩⅣ-A 亚组植原体引起，在 5 种禾本科植物上共鉴定到了 3 个植原体组，分别为 16SrⅠ组、16SrⅤ组、16SrⅩⅣ组，证明禾本科植物非常容易受到植原体侵染。其中采自韩城的狗尾草绿变和采自杨凌的狗尾草红叶，表现症状都包括草穗绿变，唯一差异就是在杨凌地区采集的狗尾草表现红叶，分别由 16SrⅠ-C 亚组和 16SrⅠ-B 亚组植原体引起。之前的很多研究也证明，同一寄主在受到不同分类地位植原体侵染后表现出类似症状，如三叶草在受到 16SrⅠ组、16SrⅤ组植原体侵染后都会表现绿变症状（Li et al.，2009）。序列比较发现，采自韩城的狗尾草绿变和谷子黄化核酸一致性为100%，虚拟 RFLP 分析图谱一致，并且二者与韩城发生的另一种植原体病害小麦蓝矮植原体的 16S rRNA 基因序列一致性为 99.9%。狗尾草是农田杂草，在田间地头都有生长，本研究中采集的谷子样品也是洒落的种子长出来的自生谷子，所以怀疑，狗尾草和谷子可能是小麦蓝矮植原体的田间寄主之一，对该病害传播有推动作用，尤其是麦收后，狗尾草作为野外毒源经叶蝉取食后传播到秋播麦苗上完成侵染循环。本研究在杨凌发生的马唐黄化和狗尾草红叶上也发现了类似的现象，马唐黄化植原体与酸枣丛枝 16S rRNA 基因一致性为 100%，狗尾草红叶与苦楝丛枝和苦楝黄化一致性也为 100%，因此推测马唐和狗尾草可能分别是酸枣丛枝和苦楝丛枝的野生寄主。鉴于此可以看出，禾本科杂草在植原体病害侵染循环中起着重要作用。狗牙根白叶植原体属于 16SrⅩⅣ-A 亚组，这是首次报道该组植原体在陕西发生。

3.2.4　桃黄化植原体

　　陕西桃产区普遍发生的桃黄化植原体在分类上属于 16SrⅤ-B 亚组，一致性分析显示在榆林、西安、渭南、宝鸡、咸阳、汉中 6 个地区发生的桃黄化植原体核酸一致性>99.8%，说明桃黄化病在陕西为一类植原体导致，这可能由于桃树多是经过嫁接繁殖有关。

3.2.5 南瓜丛枝植原体的混合侵染

南瓜在陕西广泛种植，本研究证明在关中地区发生的南瓜丛枝病是与植原体相关的，该植原体在分类上属于16SrXII-A亚组，但是本研究在个别植株内克隆的16S rRNA基因测到了2种类型的16S rRNA基因，一致性大于99.8%，虚拟RFLP分析显示，Alu I这个酶的酶切图谱是不一致的，相似性系数<0.97，说明其为16SrXII组一个新亚组，这是首次证明16SrXII在中国北方地区发生，首次报道南瓜丛枝病在中国发生。

3.2.6 樱属植物植原体病害的发生

本研究在甜樱桃上发现了樱桃丛枝病，樱桃丛枝植原体属于16Sr V-B亚组，在观赏樱花上鉴定到2种植原体病害，分别为樱花黄化和樱花绿变，其中樱花黄化由16Sr V-B亚组植原体引起，樱花绿变则是由16Sr I-B亚组植原体引起，甜樱桃丛枝和樱花黄化均由16Sr V-B亚组植原体引起，在同属植物上引起了差异巨大的症状，二者虽然核酸一致性为99.8%，但是是否为同一种植原体需要进一步试验来确定。研究结果表明樱属植物容易受到植原体侵染。

3.2.7 16Sr VI组植原体在中国的发生

油菜绿变和马铃薯紫顶是由16Sr VI组植原体引起，本研究首次鉴定到油菜植原体病害在中国发生，之前Zhang等报道了16Sr VI组引起了柳树增殖，这是首次报道16Sr VI组植原体在中国发生，Mou等报道了16Sr VI组在中国新疆引起番茄巨芽，本研究拓宽了16Sr VI组植原体在中国的寄主范围和发病区域，该组植原体所引起病害和危害应该引起重视。

3.2.8 观赏植物植原体病害

凤仙花引起的绿变病是由16Sr I-D亚组植原体引起的，在菊花、月季上发生的植原体病害则是由16Sr I-B亚组植原体引起的。

3.2.9　扁茎类植原体病害

　　中华小苦荬是由 16SrⅠ–C 亚组植原体引起，普那菊苣扁茎是由 16Sr
Ⅴ–B 亚组植原体引起，紫薇扁茎是由 16SrⅠ组一个新亚组引起，国槐扁茎
也是由 16SrⅠ组一个新亚组引起，不同植物虽然表现出类似的症状，但是
病害植原体在分类地位上是差异巨大的，扁茎将成为植原体病害生物学症状
的新依据。

3.2.10　苦楝黄化和苦楝扁茎

　　二者 16S rRNA 基因核酸一致性为 100%，但是表现黄化症状的苦楝没
有丛枝症状，表现丛枝症状的苦楝没有黄化症状。经过连续观察发现，黄化
苦楝最后均衰退死亡，表现丛枝症状的苦楝有症状缓和现象。从分类地位和
核酸一致性看，二者为同一植原体，但是从表现类型看却又差异巨大，需要
开展更深入的研究。

3.2.11　国槐丛枝、刺槐丛枝

　　二者 16S rRNA 基因核酸一致性为 100%，均属于 16SrⅤ–B 亚组，并且
表现相似症状，说明引起不同病害的病原可能相同。

3.3　透射电子显微镜

3.3.1　透射电镜的作用

　　自从植原体病害被发现以来，一直在尝试给出一个准确合理的分类地
位。由于植原体无法培养，使传统的用于微生物的研究方法基本不适用。近
些年，随着分子生物的发展，可以通过直接 PCR 扩增、分析植原体保守基
因的方法，达到划分其分类地位的目的。但是，植原体的形态学问题却是无
法通过分子手段来解决的。透射电子显微镜在植原体形态学研究方面有着不
可替代的重要作用，甚至可以称为是研究植原体形态最主要的方法。

　　本研究选取了一部分 PCR 检测为阳性的样品，取新鲜组织制作超薄切
片，并应用透射电镜对这些切片样品进行了检测观察。在 10 个样品中看到
了典型的植原体粒子。典型的植原体粒子没有细胞壁，具有单层膜包被的细

胞结构，在透射电镜下可以看到纤维状的基因组 DNA，以及靠近单层膜的高密度的颗粒状核糖体结构。另外，还观察到了处于不同生长发育时期的植原体粒子：有的以中央缢裂的方式进行增殖，有的以出芽形式增殖，死亡的菌体单层膜破裂呈现雾状边缘。

植原体可以在韧皮部筛管和伴胞内存在，并且可能是通过筛孔在植物韧皮部细胞间移动。就这一点而言，本研究观察到了附着于筛孔区的植原体颗粒。

3.3.2　透射电镜的局限性

应用透射电镜进行植原体形态学研究固然必不可少，但也不得不提及其一些弊端。

一是透射电镜设备昂贵，需要专门的管理以及专业的操作，因此无法普及。

二是制作超薄切片周期长，必须要求新鲜样品，并且无法同时处理大量样品；切片机的使用也较为复杂，需要经过专门培训或者由专业人员操作。否则，很有可能损毁材料，导致切片质量过低而无法完成检测。

三是就植原体诊断而言，透射电镜显然不是最佳的选择。除了上述局限性以外，还由于透射电镜检测的样品量有限，从而使其灵敏度较低。本研究总共选取了 15 个 PCR 检测为阳性的样品用于电镜检测，仅从 10 个样品中观察到了植原体。这种结果可能是由于植原体在样品内的浓度比较低、分布不均匀，而无法从少数切片中观察到。

总之，与分子生物学方法相比，透射电镜的灵敏度要低很多，而且花费大量人力、物力，因此不适合用于植原体的诊断。从理论上来看，在电镜下观察到植原体粒子的存在，才是植原体诊断最直接、最有力的证据。就形态学研究而言，透射电镜或许是目前最重要的研究植原体形态的工具，能够准确、高分辨率地反映出植原体在植物细胞内的分布，以及植原体粒子本身所具有的一系列特征，是植原体形态学研究中不可缺少的重要技术。

3.4　植原体资源保存

在自然界中，植原体具有广泛的植物寄主，任何环境内都有可能发现植原体的存在。一方面，这种丰富的多样性为植原体研究提供了丰富的素材；另一方面，这种广泛性也增加了植原体研究的不确定性。由于自然环境下的植物容易受到外界干扰，如风、雨，有时这种干扰甚至是毁灭性的，加之人为的干预等，使得植原体随寄主的变化非常大。这种情况是没有办法满足科学研究的严谨性以及积累性的，因此植原体资源的保存很是必要。

3.4.1　菟丝子传毒

植原体的自然寄主有可能是木本，也有可能是草本，总之种类繁多，通常仅以长春花作为其实验室寄主。用菟丝子传毒能很好地在不同物种之间传播植原体，起到桥梁的作用，在植原体资源保存的过程中，起到无法替代的作用。

菟丝子传毒具有一定的局限性。首先，必须培育无毒的菟丝子，这个对温室工作能力要求很高，因为菟丝子是寄生植物，其生长习性与常规植物略有区别。其次，菟丝子本身为寄生性植物，对其寄主会产生严重的破坏作用。如果用菟丝子向长春花传毒，不可避免地将使长春花受到来自菟丝子的破坏。如果管理不当有可能导致传毒失败，并导致长春花死亡。此外，对于木本植物，菟丝子比较容易攀附，从而达到连接木本植物与长春花的作用。但是对于草本植物而言，比如狗尾草，其本身比较柔弱，无法承受菟丝子的攀附，加之菟丝子并不倾向于吸附草本植物（这一点原因不清楚，但笔者做过很多尝试，均以失败告终），从而使草本植物向长春花的菟丝子传毒尤为困难。

总体来讲，这种方法是植原体研究中不可缺少的技术。

3.4.2　昆虫传毒

借助昆虫向长春花传毒，不论寄主是草本或者木本，都不受限制。而且如果成功往往效率很高。但是就植原体资源保存而言，这种方法也有不可避免的局限性。首先，对于要保存的植原体，必须了解其昆虫介体。如果不了解昆虫介体，在同一生态环境内，存在的刺吸式口器昆虫种类很多，很有可能造成混合资源或者所获非所求。就目前植原体的研究状况而言，大多数植原体的研究仅停留在系统分类学的水平，广泛的昆虫介体范围还没有较多的数据。其次，目前已知的可以作为植原体传播介体的昆虫还没有实现室内饲养。因此，所用到的昆虫只能是"一次性的"，无法用于更深入的研究。另外，对某一植原体而言，其昆虫介体可能不是唯一的；反之，对某一昆虫而言，其可能同时传播几种植原体。因此，即便在知道某植原体阶梯昆虫的前提下，也有可能出现得非所求或者混合的资源。而这一点对于研究植原体的致病性是极端致命的弊端。

总之，昆虫传毒很便捷、效率很高，但是也有诸多限制因素与弊端。

3.4.3　嫁接传毒

一旦获得室内植原体毒源，则可以通过嫁接来进行维持和繁殖。嫁接的方法比较多，根据植株的生长状况，可以选择不同的方法。经过稍微练习，就能比较好地掌握该方法。嫁接传毒简单、易操作、成本低，对植原体资源保存而言是很好的方法。

嫁接后最初阶段的管理需要格外小心。必须选择阴凉、低温、湿度适中的地方保存新嫁接的长春花。阳光强烈、温度过高，会使接穗蒸腾剧烈而干枯死亡，导致嫁接的失败。湿度太低，也会使接穗失水死亡；湿度过高，有可能造成嫁接部位腐烂，从而使嫁接失败。

对于嫁接所用刀片、封口膜等，也要注意灭菌。刀片会对植物造成较大面积的创伤，如果携带大量微生物，很有可能对植物造成感染，而导致嫁接的失败。

总体而言，在植原体资源的保存方面，嫁接是非常有效的保持持续繁殖的方法。

3.5　结论与创新点

基于 16S rRNA 基因的巢式 PCR 扩增是植原体病害鉴定的快速、准确、有效方法，本研究在 39 种植原体病害中，明确了陕西省植原体病害种类，发现枣疯病和泡桐丛枝病发生最为广泛。其中苹果衰退病（AD）、油菜绿变（BrV）、中华小苦荬扁茎（CiFS）、凌霄花丛枝（CtcWB）、菊花绿变（CV）、马唐黄化（DY）、五角枫丛枝（JmWB）、枣疯病（JWB）、紫薇扁茎（LiFS）、谷子红叶（MR）、谷子黄化（MY）、普那菊苣扁茎（PcWB）、桔梗扁茎（PgFS）、马铃薯紫顶（PpT）、早园竹丛枝（PpWB）、凤仙花绿变（RBP）、菲白竹丛枝（SfWB）、南瓜丛枝（SWB）、葡萄黄化（VvY）均为国内首次报道。

基于 16S rRNA 序列的系统发育分析症状，在陕西发生的植原体分别与'*Ca*. P. solani''*Ca*. P. trifolii''*Ca*. P. cynodontis''*Ca*. P. aurantifolia''*Ca*. Phytoplasma asteris''*Ca*. Phytoplasma ziziphi'等 6 个植原体暂定种有

关系，在分类上分别属于 16SrⅠ-B 亚组、16SrⅠ-C 亚组、16SrⅠ-D 亚组和 16SrⅠ组新亚组、16SrⅡ-A 亚组、16SrⅤ-B 亚组、16SrⅥ-A 亚组、16SrⅫ-A 亚组、16SrⅫ新亚组及 16SrⅩⅣ-A 亚组。

通过透射电镜从 10 种植物的韧皮部均观察到典型的植原体粒子，大小为 200~800 nm，与寄主植物种类没有差异。植原体大小、形态多样，从形态上可以作为鉴定依据，但是不能作为分类依据。

通过条沙叶蝉保存小麦蓝矮毒源、小绿叶蝉保存泡桐丛枝毒源；通过菟丝子保存枣疯病毒源和芝麻扁茎毒源，建立起植原体资源保存体系和方法。

附录1 植物样品采集信息

编号	寄主	症状表现	采集地	植原体病害
1	泡桐	花器绿变、丛枝	西安市	+
2	泡桐	小叶、黄化、丛枝、枝条节间缩短	咸阳市	+
3	泡桐	花器绿变、小叶、叶片畸形、黄化、丛枝、枝条节间缩短	陕西杨凌区	+
4	泡桐	叶片畸形、黄化、丛枝	宝鸡市	+
5	枣	丛枝、黄化、叶片变小、枝条节间缩短，花期出现花器绿变、不能结果	榆林市	+
6	枣	丛枝、黄化、叶片变小、枝条节间缩短，花期出现花器绿变、不能结果	延安市	+
7	枣	丛枝、黄化、叶片变小、枝条节间缩短，花期出现花器绿变、不能结果	西安市	+
8	枣	丛枝、黄化、叶片变小、枝条节间缩短，花期出现花器绿变、不能结果	咸阳市	+
9	枣	丛枝、黄化、叶片变小、枝条节间缩短，花期出现花器绿变、不能结果	陕西杨凌区	+
10	枣	丛枝、黄化、叶片变小、枝条节间缩短，花期出现花器绿变、不能结果	宝鸡市	+
11	酸枣	丛枝、黄化、叶片变小、枝条节间缩短，花期出现花器绿变、不能结果	榆林市	+

（续表）

编号	寄主	症状表现	采集地	植原体病害
12	酸枣	丛枝、黄化、叶片变小、枝条节间缩短，花期出现花器绿变、不能结果	延安市	+
13	酸枣	丛枝、黄化、叶片变小、枝条节间缩短，花期出现花器绿变、不能结果	西安市	+
14	酸枣	丛枝、黄化、叶片变小、枝条节间缩短，花期出现花器绿变、不能结果	咸阳市	+
15	酸枣	丛枝、黄化、叶片变小、枝条节间缩短，花期出现花器绿变、不能结果	陕西杨凌区	+
16	酸枣	丛枝、黄化、叶片变小、枝条节间缩短，花期出现花器绿变、不能结果	宝鸡市	+
17	凌霄花	丛枝、叶片变小、花藤变短、不能开花，叶片向内卷曲，顶端枝条枯死	西北农林科技大学校园	+
18	凌霄花	丛枝、叶片变小、花藤变短、不能开花，叶片向内卷曲，顶端枝条枯死	陕西杨凌区新天地设施园	+
19	樱桃	丛枝、黄化、叶片变小、叶腋增殖	铜川市王益区	+
20	樱桃	丛枝、黄化、叶片变小、叶腋增殖	铜川市耀州区	+
21	樱桃	丛枝、黄化、叶片变小、叶腋增殖	渭南市白水县	+
22	樱桃	丛枝、黄化、叶片变小、叶腋增殖	渭南市大荔县	+
23	樱桃	丛枝、黄化、叶片变小、叶腋增殖	渭南市富平县	+
24	樱桃	丛枝、黄化、叶片变小、叶腋增殖	咸阳市武功县	+
25	樱桃	丛枝、黄化、叶片变小、叶腋增殖	咸阳市兴平市	+

（续表）

编号	寄主	症状表现	采集地	植原体病害
26	樱桃	丛枝、黄化、叶片变小、叶腋增殖	咸阳市礼泉县	+
27	樱桃	丛枝、黄化、叶片变小、叶腋增殖	咸阳市乾县	+
28	樱桃	丛枝、黄化、叶片变小、叶腋增殖	咸阳市永寿县	+
29	樱桃	丛枝、黄化、叶片变小、叶腋增殖	咸阳市彬州市	+
30	樱桃	丛枝、黄化、叶片变小、叶腋增殖	西安市阎良区	+
31	樱桃	丛枝、黄化、叶片变小、叶腋增殖	西安市蓝田县	+
32	樱桃	丛枝、黄化、叶片变小、叶腋增殖	西安市周至县	+
33	樱桃	丛枝、黄化、叶片变小、叶腋增殖	西安市鄠邑区	+
34	樱桃	丛枝、黄化、叶片变小、叶腋增殖	宝鸡市扶风县	+
35	樱桃	丛枝、黄化、叶片变小、叶腋增殖	宝鸡市眉县	+
36	樱桃	丛枝、黄化、叶片变小、叶腋增殖	陕西杨凌区	+
37	樱桃	丛枝、黄化、叶片变小、叶腋增殖	安康市	+
38	樱桃	丛枝、黄化、叶片变小、叶腋增殖	商洛市	+
39	樱桃	丛枝、黄化、叶片变小、叶腋增殖	汉中市	+
40	仙人掌	植株矮化、茎条畸形	陕西杨凌区居民生活区	+
41	仙人掌	植株矮化、茎条畸形	陕西杨凌区花卉市场	+
42	国槐	丛枝、小叶、茎秆节间缩短、植株衰退	渭南市华县	+

（续表）

编号	寄主	症状表现	采集地	植原体病害
43	国槐	丛枝、小叶、茎秆节间缩短、植株衰退	渭南市蒲城县	+
44	国槐	丛枝、小叶、茎秆节间缩短、植株衰退	渭南市合阳县	+
45	国槐	丛枝、小叶、茎秆节间缩短、植株衰退	咸阳市武功县	+
46	国槐	丛枝、小叶、茎秆节间缩短、植株衰退	咸阳市兴平市	+
47	国槐	丛枝、小叶、茎秆节间缩短、植株衰退	咸阳市三原县	+
48	国槐	丛枝、小叶、茎秆节间缩短、植株衰退	咸阳市乾县	+
49	国槐	丛枝、小叶、茎秆节间缩短、植株衰退	西安市未央区	+
50	国槐	丛枝、小叶、茎秆节间缩短、植株衰退	西安市碑林区	+
51	国槐	丛枝、小叶、茎秆节间缩短、植株衰退	西安市莲湖区	+
52	国槐	丛枝、小叶、茎秆节间缩短、植株衰退	宝鸡市金台区	+
53	国槐	丛枝、小叶、茎秆节间缩短、植株衰退	宝鸡市渭滨区	+
54	国槐	丛枝、小叶、茎秆节间缩短、植株衰退	宝鸡市陈仓区	+
55	国槐	扁茎、茎秆扭曲、丛枝	渭南市华县	+
56	国槐	扁茎、茎秆扭曲、丛枝	渭南市蒲城县	+
57	国槐	扁茎、茎秆扭曲、丛枝	渭南市澄城县	+
58	国槐	扁茎、茎秆扭曲、丛枝	渭南市白水县	+
59	国槐	扁茎、茎秆扭曲、丛枝	渭南市大荔县	+
60	国槐	扁茎、茎秆扭曲、丛枝	渭南市合阳县	+

（续表）

编号	寄主	症状表现	采集地	植原体病害
61	国槐	扁茎、茎秆扭曲、丛枝	渭南市富平县	+
62	国槐	扁茎、茎秆扭曲、丛枝	咸阳市武功县	+
63	国槐	扁茎、茎秆扭曲、丛枝	咸阳市兴平市	+
64	国槐	扁茎、茎秆扭曲、丛枝	咸阳市泾阳县	+
65	国槐	扁茎、茎秆扭曲、丛枝	咸阳市三原县	+
66	国槐	扁茎、茎秆扭曲、丛枝	咸阳市礼泉县	+
67	国槐	扁茎、茎秆扭曲、丛枝	咸阳市乾县	+
68	国槐	扁茎、茎秆扭曲、丛枝	西安市周至县	+
69	国槐	扁茎、茎秆扭曲、丛枝	西安市鄠邑区	+
70	国槐	扁茎、茎秆扭曲、丛枝	宝鸡市岐山县	+
71	国槐	扁茎、茎秆扭曲、丛枝	宝鸡市扶风县	+
72	国槐	扁茎、茎秆扭曲、丛枝	杨凌农业示范区	+
73	国槐	丛枝、小叶、茎秆节间缩短、植株衰退	陕西杨凌区	+
74	刺槐	丛枝、小叶、茎秆节间缩短、植株衰退	西安市	+
75	刺槐	丛枝、小叶、茎秆节间缩短、植株衰退	陕西杨凌区	+
76	南瓜	丛枝、小叶、茎秆节间缩短、花器绿变、果实黄化	渭南市合阳县	+
77	南瓜	丛枝、小叶、茎秆节间缩短、花器绿变、果实黄化	咸阳市武功县	+
78	南瓜	丛枝、小叶、茎秆节间缩短、花器绿变、果实黄化	咸阳市兴平市	+
79	南瓜	丛枝、小叶、茎秆节间缩短、花器绿变、果实黄化	咸阳市乾县	+
80	南瓜	丛枝、小叶、茎秆节间缩短、花器绿变、果实黄化	宝鸡市扶风县	+

（续表）

编号	寄主	症状表现	采集地	植原体病害
81	南瓜	丛枝、小叶、茎秆节间缩短、花器绿变、果实黄化	陕西杨凌区	+
82	苦楝	矮化、叶片变小、开花变少、新生枝条节间缩短	西安市周至县苗木基地	+
83	苦楝	矮化、叶片变小、开花变少、新生枝条节间缩短	杨凌区	+
84	苦楝	矮化、叶片变小、开花变少、新生枝条节间缩短	西北农林科技大学校园	+
85	苦楝	叶片黄化、小叶、树势衰退	西安市周至县	+
86	苦楝	叶片黄化、小叶、树势衰退	杨凌区	+
87	苦楝	叶片黄化、小叶、树势衰退	西北农林科技大学校园	+
88	苜蓿	丛枝、叶片变小、黄化	杨凌区牧草种植区	+
89	竹	鸟巢样丛枝症状、叶片变小、叶腋处小枝丛生	西安市兴庆公园	+
90	竹	鸟巢样丛枝症状、叶片变小、叶腋处小枝丛生	咸阳市咸阳湖公园	+
91	竹	鸟巢样丛枝症状、叶片变小、叶腋处小枝丛生	周至县百竹园	+
92	竹	鸟巢样丛枝症状、叶片变小、叶腋处小枝丛生	西北农林科技大学校园	+
93	五角枫	丛枝、黄化、顶梢枯死	西北农林科技大学校园	+
94	辣椒	丛枝、叶片变小、植株矮小、果实畸形	陕西杨凌区	+
95	辣椒	丛枝、叶片变小、植株矮小、果实畸形	宝鸡市陇县	+
96	油菜	叶片变紫色、花器绿变、花变叶、花变枝、角果变短	榆林市横山区	+
97	油菜	叶片变紫色、花器绿变、花变叶、花变枝、角果变短	榆林市米脂县	+
98	油菜	叶片变紫色、花器绿变、花变叶、花变枝、角果变短	榆林市吴堡县	+

（续表）

编号	寄主	症状表现	采集地	植原体病害
99	油菜	叶片变紫色、花器绿变、花变叶、花变枝、角果变短	榆林市清涧县	+
100	油菜	叶片变紫色、花器绿变、花变叶、花变枝、角果变短	榆林市子洲县	+
101	油菜	叶片变紫色、花器绿变、花变叶、花变枝、角果变短	延安市延川县	+
102	油菜	叶片变紫色、花器绿变、花变叶、花变枝、角果变短	延安市安塞区	+
103	油菜	叶片变紫色、花器绿变、花变叶、花变枝、角果变短	延安市志丹县	+
104	油菜	叶片变紫色、花器绿变、花变叶、花变枝、角果变短	延安市吴起县	+
105	油菜	叶片变紫色、花器绿变、花变叶、花变枝、角果变短	汉中市	+
106	凤仙花	叶片皱缩、植株矮小、花器绿变	杨凌区	+
107	凤仙花	叶片皱缩、植株矮小、花器绿变	西北农林科技大学校园	+
108	月季	花器绿变、叶片畸形、变小、丛枝	咸阳市武功县	+
109	月季	花器绿变、叶片畸形、变小、丛枝	西北农林科技大学农科院家属区	+
110	月季	花器绿变、叶片畸形、变小、丛枝	西安市未央区	+
111	月季	花器绿变、叶片畸形、变小、丛枝	西安市碑林区	+
112	月季	花器绿变、叶片畸形、变小、丛枝	西安市莲湖区	+
113	月季	花器绿变、叶片畸形、变小、丛枝	西安市雁塔区	+
114	月季	花器绿变、叶片畸形、变小、丛枝	宝鸡市金台区	+
115	月季	花器绿变、叶片畸形、变小、丛枝	宝鸡市渭滨区	+

（续表）

编号	寄主	症状表现	采集地	植原体病害
116	月季	花器绿变、叶片畸形、变小、丛枝	宝鸡市陈仓区	+
117	月季	花器绿变、叶片畸形、变小、丛枝	汉中市	+
118	菊花	花器绿变、叶片畸形、变小、丛枝	杨凌职业技术学院园艺农场	+
119	樱花	早春时间很多植株表现出典型的花器绿变症状，花瓣和花蕊都变成绿色的类似于叶片的结构；在春末至秋末个别植株表现为典型的黄化症状，叶片黄化焦枯，植株衰退；也有个别植株表现为植株衰退、小叶等	杨凌区	+
120	樱花	早春时间很多植株表现出典型的花器绿变症状，花瓣和花蕊都变成绿色的类似于叶片的结构；在春末至秋末个别植株表现为典型的黄化症状，叶片黄化焦枯，植株衰退；也有个别植株表现为植株衰退、小叶等	西北农林科技大学校园	+
121	桃树	黄化、生长衰退、果实干瘪脱落	榆林市	+
122	桃树	黄化、生长衰退、果实干瘪脱落	渭南市	+
123	桃树	黄化、生长衰退、果实干瘪脱落	西安市	+
124	桃树	黄化、生长衰退、果实干瘪脱落	咸阳市	+
125	桃树	黄化、生长衰退、果实干瘪脱落	宝鸡市	+
126	桃树	黄化、生长衰退、果实干瘪脱落	汉中市	+
127	葡萄	黄化、叶缘坏死、向内卷曲	宝鸡市	+
128	葡萄	黄化、叶缘坏死、向内卷曲	杨凌区	+
129	李	叶片黄化、树势衰退、不能结果	杨凌区	+
130	苹果	小叶、叶片内卷、生长衰退	杨凌区	+
131	普那菊苣	扁茎、叶片畸形	西北农林科技大学草业科学专业试验田	+

（续表）

编号	寄主	症状表现	采集地	植原体病害
132	中华小苦荬	扁茎、花器聚合、叶片变小、茎秆变短	韩城市	+
133	中华小苦荬	扁茎、花器聚合、叶片变小、茎秆变短	韩城市合阳县	+
134	中华小苦荬	扁茎、花器聚合、叶片变小、茎秆变短	渭南市	+
135	中华小苦荬	扁茎、花器聚合、叶片变小、茎秆变短	咸阳市武功县	+
136	中华小苦荬	扁茎、花器聚合、叶片变小、茎秆变短	西安市周至县百竹园	+
137	中华小苦荬	扁茎、花器聚合、叶片变小、茎秆变短	杨凌区	+
138	中华小苦荬	扁茎、花器聚合、叶片变小、茎秆变短	宝鸡市	+
139	桔梗	扁茎	西北农林科技大学中草药基地	+
140	紫薇	扁茎	西安交通大学校园	+
141	紫薇	扁茎	陕西师范大学校园	+
142	紫薇	扁茎	长安大学校园	+
143	紫薇	扁茎	咸阳师范学院校园	+
144	紫薇	扁茎	医药大学校园	+
145	紫薇	扁茎	西北农林科技大学校园	+
146	紫薇	扁茎	杨凌高中校园	+
147	紫薇	扁茎	宝鸡文理学院校园	+
148	紫薇	扁茎	宝鸡一中校园	+
149	紫薇	扁茎	汉中市	+
150	芝麻	叶片变小、茎秆扁平、花器绿变、无果实	西安市周至县	+

（续表）

编号	寄主	症状表现	采集地	植原体病害
151	芝麻	叶片变小、茎秆扁平、花器绿变、无果实	杨凌区	+
152	芝麻	叶片变小、茎秆扁平、花器绿变、无果实	宝鸡市扶风县	+
153	自生谷子	黄化	韩城市	+
154	自生谷子	黄化	韩城市合阳县	+
155	自生谷子	红叶	杨凌区	+
156	狗尾草	草穗绿变	韩城市	+
157	狗尾草	草穗绿变	韩城市合阳县	+
158	狗尾草	红叶、草穗绿变	咸阳市三原县	+
159	狗尾草	红叶、草穗绿变	西安市蓝田县	+
160	狗尾草	红叶、草穗绿变	西安市周至县	+
161	狗尾草	红叶、草穗绿变	宝鸡市扶风县	+
162	狗尾草	红叶、草穗绿变	杨凌区	+
163	自生小麦	矮缩、黄化、叶片卷曲	韩城市	+
164	自生小麦	矮缩、黄化、叶片卷曲	韩城市合阳县	+
165	自生小麦	矮缩、黄化、叶片卷曲	韩城市合阳县	+
166	自生小麦	矮缩、黄化、叶片卷曲	咸阳市三原县	+
167	自生小麦	矮缩、黄化、叶片卷曲	西安市蓝田县	+
168	自生小麦	矮缩、黄化、叶片卷曲	西安市周至县	+
169	自生小麦	矮缩、黄化、叶片卷曲	宝鸡市扶风县	+
170	自生小麦	矮缩、黄化、叶片卷曲	杨凌区	+
171	狗牙根	白叶、叶片套叠、黄化	渭南市	+
172	狗牙根	白叶、叶片套叠、黄化	铜川市	+
173	狗牙根	白叶、叶片套叠、黄化	西安市	+
174	狗牙根	白叶、叶片套叠、黄化	宝鸡市	+

（续表）

编号	寄主	症状表现	采集地	植原体病害
175	狗牙根	白叶、叶片套叠、黄化	咸阳市	+
176	狗牙根	白叶、叶片套叠、黄化	汉中市	+
177	狗牙根	白叶、叶片套叠、黄化	安康市	+
178	狗牙根	白叶、叶片套叠、黄化	商洛市	+
179	马唐草	黄化	杨凌区	+
180	马唐草	黄化	宝鸡市枣园	+
181	马铃薯	叶片变为紫色、叶腋处长出来绿色不可食用薯块、根部薯块也为绿色没有食用价值，根系坏死	榆林市横山区	+
182	马铃薯	叶片变为紫色、叶腋处长出来绿色不可食用薯块、根部薯块也为绿色没有食用价值，根系坏死	榆林市米脂县	+
183	马铃薯	叶片变为紫色、叶腋处长出来绿色不可食用薯块、根部薯块也为绿色没有食用价值，根系坏死	榆林市吴堡县	+
184	马铃薯	叶片变为紫色、叶腋处长出来绿色不可食用薯块、根部薯块也为绿色没有食用价值，根系坏死	榆林市清涧县	+
185	马铃薯	叶片变为紫色、叶腋处长出来绿色不可食用薯块、根部薯块也为绿色没有食用价值，根系坏死	榆林市子洲县	+
186	马铃薯	叶片变为紫色、叶腋处长出来绿色不可食用薯块、根部薯块也为绿色没有食用价值，根系坏死	延安市延川县	+
187	马铃薯	叶片变为紫色、叶腋处长出来绿色不可食用薯块、根部薯块也为绿色没有食用价值，根系坏死	延安市安塞区	+
188	马铃薯	叶片变为紫色、叶腋处长出来绿色不可食用薯块、根部薯块也为绿色没有食用价值，根系坏死	延安市志丹县	+
189	马铃薯	叶片变为紫色、叶腋处长出来绿色不可食用薯块、根部薯块也为绿色没有食用价值，根系坏死	延安市吴起县	+

（续表）

编号	寄主	症状表现	采集地	植原体病害
190	马铃薯	叶片变为紫色、叶腋处长出来绿色不可食用薯块、根部薯块也为绿色没有食用价值，根系坏死	延安市富县	+
191	马铃薯	叶片变为紫色、叶腋处长出来绿色不可食用薯块、根部薯块也为绿色没有食用价值，根系坏死	内蒙古鄂尔多斯市	+
192	豇豆	叶片变小	延安市洛川县	−
193	绿豆	黄化、豆角畸形、植株矮小	延安市宜川县	−
194	甘薯	小叶、丛枝	延安市黄陵县	−
195	黄瓜	扁茎	延安市宜君县	−
196	杏	叶片褪绿	铜川市印台区	−
197	杏	植株衰退	铜川市潼关县	−
198	核桃	丛枝、黄化	安康市旬阳市	−
199	核桃	丛枝、黄化	咸阳市淳化县	−
200	白蜡树	小叶、黄化、植株衰退	西安市灞桥区	−
201	白蜡树	植株衰退、丛枝	西安市临潼区	−
202	白蜡树	黄化、小叶	西安市长安区	−
203	椿树	扁茎	宝鸡市千阳县	−
204	椿树	扁茎、小叶	宝鸡市太白县	−
205	椿树	扁茎、小叶、增殖	宝鸡市	−

附录 2 未提交的 24 个植原体株系 16S rRNA 基因序列

>CtcWB

GAAACGACTGCTAAGACTGGATAGGAGACAAGAAGGCATCTTTTTGTTTTTAA
AAGACCTAGCAATAGGTATGCTTAGGGAGGAGCTTGCGTCACATTAGTTAGTT
GGTGGGGTAAAGGCTTACCAAGACTATGATGTGTAGCCGGGCTGAGAGGTTGA
ACGGCCACATTGGGACTGAGACACGGCCCAAACTCCTACGGGAGGCAGCAGTA
GGGAATTTTCGGCAATGGAGGAAACTCTGACCGAGCAACGCCGCGTGAACGAT
GAAGTATTTCGGTACGTAAAGTTCTTTTATTAGGGAAGAATAAATGATGGAAAA
ATCATTCTGACGGTACCTAATGAATAAGCCCCGGCTAACTATGTGCCAGCAGCC
GCGGTAATACATAGGGGGCAAGCGTTATCCGGAATTATTGGGCGCAAAGGGTG
CGTAGGCGGTTAAATAAGTTTATGGTCTAAGTGCAATGCTTAACATTGTGATGC
TATAAAAACTGTTTAACTAGAGTAAGATAGAGGCAAGTGGAATTCCATGTGTA
GTGGTAAAATGCGTAAATATATGGAGGAACACCAGTAGCGAAGGCGGCTTGCT
GGGTCTTTACTGACGCTGAGGCACGAAAGCGTGGGGAGCAAACAGGATTAGAT
ACCCTGGTAGTCCACGCCGTAAACGATGAGTACTAAATGTTGGGTAAAACCAG
TGTTGAAGTTAACACATTAAGTACTCCGCCTGAGTAGTACGTACGCAAGTATGA
AACTTAAAGGAATTGACGGGACTCCGCACAAGCGGTGGATCATGTTGTTTAAT
TCGAAGGTACCCGAAAAACCTCACCAGGTCTTGACATGCTTCTGCAAAGCTGTA
GAAACACAGTGGAGGTTATCAGTTGCACAGGTGGTGCATGGTTGTCGTCAGCTC
GTGTCGTGAGATGTTGGGTTAAGTCCCGCAACGAGCGCAACCCTTATTGTTAGT
TGCCAGCACGTAATGGTGGGGACTTTAGCAAGACTGCCAGTGATAAATTGGAG
GAAGGTGGGGACGACGTCAAATCATCATGCCCCTTATGACCTGGGCTACAAAC
GTGATACAATGGCTGTTACAAAGGGTAGCTGAAACGCAAGTTTTTGGCGAATCT
CAAAAAAACAGTCTCAGTTCGGATTGAAGTCTGCAACTCGACTTCATGAAGTTG
GAATCGCTAGTAATCGCGAATCAGCATGTCGCGGTGGATACGTTCTCGGGGTTT

GTACACACCGCCCGTCA----------
>ScWB
GAAACGACTGCTAAGACTGGATAGGAAATAAAAAGGCATCTTTTTGTTTTTAAA
AGACCTTCTTCGGAGGGTATGCTTAAAGAGGGGCTTGCGCCACATTAGTTAGTT
GGTGAGGTAAAGGCTTACCAAGATTATGATGTGTAGCTGGACTGAGAGGTTGA
ACAGCCACATTGGGACTGAGACACGGCCCAAACTCCTACGGGAGGCAGCAGTA
GGGAATTTTCGGCAATGGAGGAAACTCTGACCGAGCGACGCCGCGTGAACGAT
GAAGTATTTCGGTATGTAAAGTTCTTTTATTGAAGAAGAAAAAATAGTGGAAA
AACTATCTTGACGTTATTCAATGAATAAGCCCCGGCTAACTATGTGCCAGCAG
CCGCGGTAAGACATAGGGGGCGAGCGTTATCCGGAATTATTGGGCGTAAAGGG
TGCGTAGGCGGTTAGATAAGTCTATAATTTAATTTCAGTGCTTAACGCTGTCTT
GTTATAGAAACTGTCTTGACTAGAGTGAGATAGAGGCAAGCGGAATTCCATGT
GTAGCGGTAAAATGTGTAAATATATGGAGGAACACCAGAAGCGTAGGCGGCTT
GCTGGGTCTTTACTGACGCTGAGGCACGAAAGCGTGGGGAGCAAACAGGATTA
GATACCCTGGTAGTCCACGCTGTAAACGATGAGTACTAAGTGTCGGGGCAACT
CGGTACTGAAGTTAACACATTAAGTACTCCGCCTGAGTAGTACGTACGCAAGTA
TGAAACTTAAAGGAATTGACGGGACTCCGCACAAGCGGTGGATCATGTTGTTT
AATTCGAAGATACACGAAAAACCTTACCAGGTCTTGACATACTCTGCGAAGCT
ATAGAAATATAGTGGAGGTTATCAGGGATACAGGTGGTGCATGGTTGTCGTCA
GTTCGTGTCGTGAGATGTTAGGTTAAGTCCTAAAACGAGCGCAACCCCTGTCG
TTAGTTACCAGCACGTAATGGTGGGGACTTTAGCGAGACTGCCAATTAAACAT
TGGAGGAAGGTGGGGATAACGTCAAATCATCATGCCCCTTATGATCTGGGCTA
CAAACGTGATACAATGGCTGTTACAAAGAGTAGCTGAAACGCGAGTTTTTAGC
CAATCTCAAAAAGACAGTCTTAGTCCGGATTGAAGTCTGCAACTCGACTTCAT
GAAGCTGGAATCGCTAGTAATCGCGAATCAGCATGTCGCGGTGAATACGTTCT
CGGGGTTTGTACACACCGCCCGTCA--------
>SjWB
GAAACGACTGCTAAGACTGGATAGGAAATAAAAAGGCATCTTTTTGTTTTTAAA
AGACCTTCTTCGGAGGGTATGCTTAAAGAGGGGCTTGCGCCACATTAGTTAGT
TGGTGAGGTAAAGGCTTACCAAGATTATGATGTGTAGCTGGACTGAGAGGTTG
AACAGCCACATTGGGACTGAGACACGGCCCAAACTCCTACGGGAGGCAGCAGT
AGGGAATTTTCGGCAATGGAGGAAACTCTGACCGAGCGACGCCGCGTGAACGA
TGAAGTATTTCGGTATGTAAAGTTCTTTTATTGAAGAAGAAAAAATAGTGGAAA

AACTATCTTGACGTTATTCAATGAATAAGCCCCGGCTAACTATGTGCCAGCAGC
CGCGGTAAGACATAGGGGGCGAGCGTTATCCGGAATTATTGGGCGTAAAGGGT
GCGTAGGCGGTTAGATAAGTCTATAATTTAATTTCAGTGCTTAACGCTGTCTTG
TTATAGAAACTGTCTTGACTAGAGTGAGATAGAGGCAAGCGGAATTCCATGTG
TAGCGGTAAAATGTGTAAATATATGGAGGAACACCAGAAGCGTAGGCGGCTTG
CTGGGTCTTTACTGACGCTGAGGCACGAAAGCGTGGGGAGCAAACAGGATTAG
ATACCCTGGTAGTCCACGCTGTAAACGATGAGTACTAAGTGTCGGGGCAACTC
GGTACTGAAGTTAGCACATTAAGTACTCCGCCTGAGTAGTACGTACGCAAGTA
TGAAACTTAAAGGAATTGACGGGACTCCGCACAAGCGGTGGATCATGTTGTTT
AATTCGAAGATACACGAAAAACCTTACCAGGTCTTGACATACTCTGCGAAGCT
ATAGAAATATAGTGGAGGTTATCAGGGATACAGGTGGTGCATGGTTGTCGTCA
GTTCGTGTCGTGAGATGTTAGGTTAAGTCCTAAAACGAACGCAACCCCTGTCG
TTAGTTACCAGCACGTAATGGTGGGGACTTTAGCGAGACTGCCAATTAAACAT
TGGAGGAAGGTGGGGATAACGTCAAATCATCATGCCCCTTATGATCTGGGCTA
CAAACGTGATACAATGGCTGTTACAAAGAGTAGCTGAAACGCGAGTTTTTAGC
CAATCTCAAAAAGACAGTCTTAGTCCGGATTGAAGTCTGCAACTCGACTTCAT
GAAGCTGGAATCGCTAGTAATCGCGAATCAGCATGTCGCGGTGAATACGTTCT
CGGGGTTTGTACACACCGCCCGTCA--------
>RpWB
GAAACGACTGCTAAGACTGGATAGGAAATAAAAAGGCATCTTTTTGTTTTTAAA
AGACCTTCTTCGGAGGGTATGCTTAAAGAGGGGCTTGCGCCACATTAGTTAGTT
GGTGAGGTAAAGGCTTACCAAGATTATGATGTGTAGCTGGACTGAGAGGTTGA
ACAGCCACATTGGGACTGAGACACGGCCCAAACTCCTACGGGAGGCAGCAGTA
GGGAATTTTCGGCAATGGAGGAAACTCTGACCGAGCGACGCCGCGTGAACGAT
GAAGTATTTCGGTATGTAAAGTTCTTTTATTGAAGAAGAAAAAATAGTGGAAA
AACTATCTTGACGTTATTCAATGAATAAGCCCCGGCTAACTATGTGCCAGCAGC
CGCGGTAAGACATAGGGGGCGAGCGTTATCCGGAATTATTGGGCGTAAAGGGT
GCGTAGGCGGTTAGATAAGTCTATAATTTAATTTCAGTGCTTAACGCTGTCTTG
TTATAGAAACTGTCTTGTCTAGAGTGAGATAGAGGCAAGCGGAATTCCATGTGT
AGCGGTAAAATGTGTAAATATATGGAGGAACACCAGAAGCGTAGGCGGCTTGC
TGGGTCTTTACTGACGCTGAGGCACGAAAGCGTGGGGAGCAAACAGGATTAGA
TACCCTGGTAGTCCACGCTGTAAACGATGAGTACTAAGTGTCGGGGCAACTCG
GTACTGAAGTTAACACATTAAGTACTCCGCCTGAGTAGTACGTACGCAAGTATG

AAACTTAAAGGAATTGACGGGACTCCGCACAAGCGGTGGATCATGTTGTTTAA
TTCGAAGATACACGAAAAACCTTACCAGGTCTTGACATACTCTGCGAAGCTAT
AGAAATATAGTGGAGGTTATCAGGGATACAGGTGGTGCATGGTTGTCGTCAGT
TCGTGTCGTGAGATGTTAGGTTAAGTCCTAAAACGAACGCAACCCCTGTCGTTA
GTTACCAGCACGTAATGGTGGGGACTTTAGCGAGACTGCCAATTAAACATTGG
AGGAAGGTGGGGATAACGTCAAATCATCATGCCCCTTATGATCTGGGCTACAA
ACGTGATACAATGGCTGTTACAGAGAGTAGCTGAAACGCGAGTTTTTAGCCAA
TCTCAAAAAGACAGTCTTAGTCCGGATTGAAGTCTGCAACTCGACTTCATGAA
GCTGGAATCGCTAGTAATCGCGAATCAGCATGTCGCGGTGAATACGTTCACGG
GGTTTGTACACACCGCCCGTCA--------
>SWB1
GAAACGACTGCTAAGACTGGATAGGAGATAAGAAGGCATCTTTTTATTTTTAAA
AGACCTAGCAATAGGTATGCTTAGGGAAGAGCTTGCGTCACATTAGTTAGTTGG
TGGGGTAATGGCCTACCAAGACGATGATGTGTAGCCGGGCTGAGAGGTCGAAC
GGCCACATTGGGACTGAGACACGGCCCAAACTCCTACGGGAGGCAGCAGTAAG
GAATTTTCGGCAATGGAGGAAACTCTGACCGAGCAATGCCGCGTGAACGATGA
AGTATTTTGGTACGTAAAGTTCTTTTATTAGGGAAGAAAAGATGGTGGAAAAAC
CATTATGACGGTACCTAATGAATAAGCCCCGGCTAACTATGTGCCAGCAGCCG
CGGTAATACATAGGGGGCAAGCGTTATCCGGAATTATTGGGCGTAAAGGGTGC
GTAGGCGGTTAAATAAGTTTATGGTCTAAGTGCAACGCTCAACGTTGTGATGCT
ATAAAAACTGTTTAGCTAGAGTTGGATAGAGGCAAGTGGAATTCCGTGTGTAGT
GGTAAAATGCGTAAATATACGGAGGAACACCAGAAGCGAAGGCGGCTTGCTG
GGTCTTAACTGACGCTGAGGCACGAAAGCGTGGGGAGCAAACAGGATTAGATA
CCCTGGTAGTCCACGCCCTAAACGATGAGTACTAAACGTTGGATAAAACCAGT
GTTGAAGTTAACACATTAAGTACTCCGCCTGAGTAGTACGTACGCAAGTATGAA
ACTTAAAGGAATTGACGGGACTCCGCACAAGCGGTGGATCATGTTGTTTAATTC
GAAGGTACCCGAAAAACCTCACCAGGTCTTGACATGCTTTTGCAAAGCTGTAG
AAATACAGTGGAGGTTATCAGAAGCACAGGTGGTGCATGGTTGTCGTCAGCTC
GTGTCGTGAGATGTTGGGTTAAGTCCCGCAACGAGCGCAACCCTTGTTGTTAAT
TGCCATCATTAAGTTGGGGACTTTAGCAAGACTGCCAATGATAAATTGGAGGA
AGGTGGGGACGACGTCAAATCATCATGCCCCTTATGACCTGGGCTACAAACGT
GATACAATGGCTGTTACAAAGGGTAGCTAAAGCGTAAGCCTCTGGCGAATCTC
AAAAAAGCAGTCTCAGTTCGGATTGAAGTCTGCAACTCGACTTCATGAAGTTG

GAATCGCTAGTAATCGCGAATCAGCATGTTGCGGTGAATGCGTTCTCGGGGTT
TGTACACACCGCCCGTCA------------
>SWB2
GAAACGACTGCTAAGACTGGATAGGAGATAAGAAGGCATCTTTTTATTTTTAAA
AGACCTAGCAATAGGTATGCTTAGGGAAGAGCTTGCGTCACATTAGTTAGTTGG
TGGGGTATGGCCTACCAAGACGATGATGTGTAGCCGGGCTGAGAGGTCGAACG
GCCACATCGGGACTGAGACACGGCCCAAACTCCTACGGGAGGCAGCAGTAAG
GAATTTTCGGCAATGGAGGAAACTCTGACCGAGCAATGCCGCGTGAACGATGA
AGTATTTTGGTACGTAAAGTTCTTTTATTAGGGAAGAAAAGATGGTGGAAAAAC
CATTATGACGGTACCTAATGAATAAGCCCCGGCTAACTATGTGCCAGCAGCCG
CGGTAATACATAGGGGGCAAGCGTTATCCGGAATTATTGGGCGTAAAGGGTGC
GTAGGCGGTTAAATAAGTTTATGGTCTAAGTGCAACGCTCAACGTTGTGATGCT
ATAAAAACTGTTTAGCTAGAGTTGGATAGAGGCAAGTGGAATTCCGTGTGTAGT
GGTAAAATGCGTAAATATACGGAGGAACACCAGAAGCGAAGGCGGCTTGCTG
GGTCTTAACTGACGCTGAGGCACGAAAGCGTGGGGAGCAAACAGGATTAGATA
CCCTGGTAGTCCACGCCCTAAACGATGGGTACTAAACGTTGGATAAAACCAGT
GTTGAAGTTAACACATTAAGTACTCCGCCTGAGTAGTACGTACGCAAGTATGA
AACTTAAAGGAATTGGCGGGACTCCGCACAAGCGGTGGATCATGTTGTTTAAT
TCGAAGGTACCCGAAAAACCTCACCAGGTCTTGACATGCTTTTGCAAAGCTGT
AGAAATACAGTGGAGGTTATCAGAAGCACAGGTGGTGCATGGTTGTCGTCGGC
TCGTGTCGTGAGATGTTGGGTTAAGTCCCGCAACGAGCGCAACCCTTGTTGTTA
ATTGCCATCATTAAGTTGGGGACTTTAGCAAGACTGCCAATGATAAATTGGAG
GAAGGTGGGGACGACGTCAAATCATCATGCCCCTTATGACCTGGGCTACAAAC
GTGATACAATGGCTGTTACAAAGGGTAGCTAAAGCGTAAGCTTCTGGCGAATC
TCAAAAAAGCAGTCTCAGTTCGGATTGAAGTCTGCAACTCGACTTCATGAAGT
TGGAATCGCTAGTAATCGCGAATCAGCATGTTGCGGTGAATACGTTCTCGGGG
TTTGTACACACCGCCCGTCA-------------
>PpWB
ACGACTGCTGCTAAGACTGGATAGGAGACAAGAAGGCATCTTCTTGTTTTTAAA
AGACCTAGCAATAGGTATGCTTAGGGAGGAGCTTGCGTCACATTAGTTAGTTG
GTGGGGTAAAGGCCTACCAAGACTATGATGTGTAGCCGGGCTGAGAGGTTGAA
CGGCCACATTGGGACTGAGACACGGCCCAAACTCCTACGGGAGGCAGCAGTAG
GGAATTTTCGGCAATGGAGGAAACTCTGACCGAGCAACGCCGCGTGAACGATG

AAGTATTTCGGTACGTAAAGTTCTTTTATTAGGGAAGAATAAATGATGGAAAAA
TCATTCTGACGGTACCTAATGAATAAGCCCCGGCTAACTATGTGCCAGCAGCCG
CGGTAATACATAGGGGGCAAGCGTTATCCGGAATTATTGGGCGTAAAGGGTGC
GTAGGCGGTTAAATAAGTTTATGGTCTAAGTGCAATGCTCAACATTGTGATGCT
ATAAAAACTGTTTAGCTAGAGTAAGATAGAGGCAAGTGGAATTCCATGTGTAG
TGGTAAAATGCGTAAATATATGGAGGAACACCAGTAGCGAAGGCGGCTTGCTG
GGTCTTTACTGACGCTGAGGCACGAAAGCGTGGGGAGCAAACAGGATTAGATA
CCCTGGTAGTCCACGCCGTAAACGATGAGTACTAAACGTTGGGTAAAACCAGT
GTTGAAGTTAACACATTAAGTACTCCGCCCGAGTAGTACGTACGCAAGTATGA
AACTTAAAGGAATTGACGGGACTCCGCACAAGCGGTGGATCATGTTGTTTAAT
TCGAAGGTACCCGAAAAACCTCACCAGGTCTTGACATGCTTCTGCAAAGCTGT
AGAAACACAGTGGAGGTTATCAGTTGCACAGGTGGTGCATGGTTGTCGTCAGC
TCGTGTCGTGAGGTGTTGGGTTAAGTCCCGCAACGAGCGCAACCCTTATTGTT
AGTTACCAGCACGTAATGGTAGGGACTTCAGCAAGACTGCCAGTGATAAATTG
GAGGAAGGTGGGGACGACGTCAAATCATCATGCCCCTTATGACCTGGGCTAC
GAACGTGATACAATGGCTGTTACAAAGGGTAGCTGAAGCGCAAGTTTTTGGCG
AATCTCAAAAAAACAGTCTCAGTTCGGATTGAAGTCTGCAACTCGACTTCATG
AAGTTGGAATCGCTAGTAATCGCGAATCAGCATGTCGCGGTGAATACGTTCGC
GGGGTTTGTACACACCGCCCGTCA----------
>SfWB
GAAACGACTGCTAAGACTGGATAGGAGACAAGAAGGCATCTTTTTGTTTTTAA
AAGACCTAGCAATAGGTATGCTTAGGGAGGAGCTTGCGTCACATTAGTTAGTT
GGTGGGGTAAAGGCCTACCAAGACTATGATGTGTAGCCGGGCTGAGAGGTTG
AACGGCCACATTGGGACTGAGACACGGCCCAAACTCCTACGGGAGGCAGCAG
TAGGGAATTTTCGGCAATGGAGGAAACTCTGACCGAGCAACGCCGCGTGAACG
ATGAAGTATTTCGGTACGTAAAGTTCTTTTATTAGGGAAGAATAAATGATGGAA
AAATCATTCTGACGGTACCTAATGAATAAGCCCCGGCTAACTATGTGCCAGCA
GCCGCGGTAATACATAGGGGGCAAGCGTTATCCGGAATTATTGGGCGTAAAGG
GTGCGTAGGCGGTTAAATAAGTTTATGGTCTAAGTGCAATGCTTAACATTGTGA
TGCTATAAAAACTGTTTAACTAGAGTAAGATAGAGGCAAGTGGAATTCCATGT
GTAGTGGTAAAATGCGTAAATATATGGAGGAACACCAGTAGCGAAGGCGGCTT
GCTGGGTCTTTACTGACGCTGAGGCACGAAAGCGTGGGGAGCAAACAGGATTA
GATACCCTGGTAGTCCACGCCGTAAACGATGAGTACTAAATGTTGGGTAAAAC

CAGTGTTGAAGTTAACACATTAAGTACTCCGCCTGAGTAGTACGTACGCAAGT
ATGAAACTTAAAGGAATTGACGGGACTCCGCACAAGCGGTGGATCATGTTGTT
TAATTCGAAGGTACCCGAAAAACCTCACCAGGTCTTGACATGCTTCTGCAAAG
CTGTAGAAACACAGTGGAGGTTATCAGTTGCACAGGTGGTGCATGGTTGTCGT
CAGCTCGTGTCGTGAGATGTTGGGTTAAGTCCCGCAACGAGCGCAACCCTTAT
TGTTAGTTGCCAGCACGTAATGGTGGGGACTTTAGCAAGACTGCCAGTGATAA
ATTGGAGGAAGGTGGGGACGACGTCAAATCATCATGCCCCTTATGACCTGGGC
TACAAACGTGATACAATGGCTGTTACAAAGGGTAGCTGAAACGTAAGTTTTTG
GCGAATCTCAAAAAAACAGTCTCAGTTCGGATTGAAGTCTGCAACTCGACTTC
ATGAAGTTGGAATCGCTAGTAATCGCGAATCAGCATGTCGCGGTGAATACGTT
CTCGGGGTTTGTACACACCGCCCGTCA----------

>BrV
GAAACGGTTGCTAAGACTGGATAGGAAACAAAAAGGCATCTTTTTGTTTTTAAA
AGACCTTCTTATGAAGGTATGCTTAAAGAGGGGCTTGCGCCACATTAGTTAGTT
GGTAGGGTAAAAGCCTACCAAGACGATGATGTGTAGCTGGACTGAGAGGTTGA
ACAGCCACATTGGGACTGAGACACGGCCCAAACTCCTACGGGAGGCAGCAGTA
GGGAATTTTCGGCAATGGAGGAAACTCTGACCGAGCAACGCCGCGTGAACGAT
GAAGTATTTCGGTATGTAAAGTTCTTTTATTGAAGAAGAAAAAGTAGTGGAAA
AACTATATTGACGTTATTCAATGAATAAGCCCCGGCTAACTATGTGCCAGCAG
CCGCGGTAAGACATAGGGGGCGAGCGTTATCCGGAATTATTGGGCGTAAAGGG
TGCGTAGGCTGTTAGATAAGTCTATAATTTAATTTCAGTGCTTAACGCTGTCTTG
TTATAGAAACTGTCTTGACTAGAGTGAGATAGAGGCAAGCGGAATTCCATGTG
TAGCGGTAAAATGTGTAAATATATGGAGGAACACCAGAAGCGTAGGCGGCTTG
CTGGGTCTTTACTGACGCTGAGGCACGAAAGCGTGGGTAGCAAACAGGATTAG
ATACCCTGGTAGTCCACGCCCGTAAACGATGAGTACTAAGTGTCGGGGTAAAA
CTCGGTACTGAAGTTAACACATTAAGTACTCCCGCCTGAGTAGTACGTACGCAA
GTATGAAACTTAAAGGAATTGACGGGACTCCGCACAAGCGGTGGATCATGTTG
TTTAATTCGAAGATACACGAAAATCTTACCAGGTCTTGACATACTCTGCAAAGC
TATAGAAATATAGTGGAGGTTATCAGGGATACAGGTGGTGCATGGTTGTCGTCA
GTTCGTGTCGTGAGATGTTAGGTTAAGTCCTAAAACGAGCGCAACCCTTGTCGT
TAATTGCCAGCACGTAATGGTGGGGACTTTAGCGAGACTGCCAATTAAACATTG
GAGGAAGGTGAGGATTACGTCAAATCATCATGCCCCTTATGATCTGGGCTACA
AACGTGATACAATGGCTGTTGACAAAGAGTAGCTGAAACGCGAGTTTTTAGCCA

120

ATCTCAAAAAAGCAGTCTCAGTTCGGATTGAAGTCTGTAACTCGACTTCATGAA
GTTGGAATCGCTAGTAATCGCGAATCAGCATGTCGCGGTGAATACGTTCTCGGG
GTTTGTACACACCGCCCGTCA-----
>GbV
GAAACGACTGCTAAGACTGGATAGGAGACAAGAAGGCATCTTTTTGTTTTTAA
AAGACCTAGCAATAGGTATGCTTAGGGAGGAGCTTGCGTCACATTAGTTAGTT
GGTGGGGTAAAGGCCTACCAAGACTATGATGTGTAGCCGGGCTGAGAGGTTGA
ACGGCCACATTGGGACTGAGACACGGCCCAAACTCCTACGGGAGGCAGCAGTA
GGGAATTTTCGGCAATGGAGGAAACTCTGACCGAGCAACGCCGCGTGAACGAT
GAAGTATTTCGGTACGTAAAGTTCTTTTATTAGGGAAGAATAAATGATGGAAAA
ATCATTCTGACGGTACCTAATGAATAAGCCCCGGCTAACTATGTGCCAGCAGCC
GCGGTAATACATAGGGGGCAAGCGTTATCCGGAATTATTGGGCGTAAAGGGTG
CGTAGGCGGTTAAATAAGTTTATGGTCTAAGTGCAATGCTTAACATTGTGATGC
TATAAAAACTGTTTAACTAGAGTAAGATAGAGGCAAGTGGAATTCCATGTGTA
GTGGTAAAATGCGTAAATATATGGAGGAACACCAGTAGCGAAGGCGGCTTGCT
GGGTCTTTACTGACGCTGAGGCACGAAAGCGTGGGGAGCAAACAGGATTAGAT
ACCCTGGTAGTCCACGCCGTAAACGATGAGTACTAAATGTTGGGTAAAACCAG
TGTTGAAGTTAACACATTAAGTACTCCGCCTGAGTAGTACGTACGCAAGTATG
AAACTTAAAGGAATTGACGGGACTCCGCACAAGCGGTGGATCATGTTGTTTAA
TTCGAAGGTACCCGAAAAACCTCACCAGGTCTTGACATGCTTCTGCAAAGCTGT
AGAAACACAGTGGAGGTTATCAGTTGCACAGGTGGTGCATGGTTGTCGTCAGC
TCGTGTCGTGAGATGTTGGGTTAAGTCCCGCAACGAGCGCAACCCTTATTGTTA
GTTGCCAGCACGTAATGGTGGGGACTTTAGCAAGACTGCCAGTGATAAATTGG
AGGAAGGTGGGGACGACGTCAAATCATCATGCCCCTTATGACCTGGGCTACAA
ACGTGATACAATGGCTGTTACAAAGGGTAGCTGAAACGTAAGTTTTTGGCGAA
TCTCAAAAAAACAGTCTCAGTTCGGATTGAAGTCTGCAACTCGACTTCATGAAG
TTGGAATCGCTAGTAATCGCGAATCAGCATGTCGCGGTGAATACGTTCTCGGG
GTTTGTACACACCGCCCGTCA----------
>RcV
GAAACGACTGCTAAGACTGGATAGGAGACAAGAAGGCATCTTCTTGTTTTTAA
AAGACCTAGCAATAGGTATGCTTAGGGAGGAGCTTGCGTCACATTAGTTAGTT
GGTGGGGTAAAGGCCTACCAAGACTATGATGTGTAGCCGGGCTGAGAGGTTG
AACGGCCACATTGGGACTGAGACACGGCCCAAACTCCTACGGGAGGCAGCAG

TAGGGAATTTTCGGCAATGGAGGAAACTCTGACCGAGCAACGCCGCGTGAAC
GATGAAGTATTTCGGTACGTAAAGTTCTTTTATTAGGGAAGAATAAATGATGG
AAAAATCATTCTGACGGTACCTAATGAATAAGCCCCGGCTAACTATGTGCCAG
CAGCCGCGGTAATACATAGGGGGCAAGCGTTATCCGGAATTATTGGGCGTAAA
GGGTGCGTAGGCGGTTAAATAAGTTTNTGGTCTAAGTGCAATGCTCAACATTG
TGATGCTATAAAAACTGTTTAGCTAGAGTAAGATAGAGGCAAGTGGAATTCCA
TGTGTAGTGGTAAAATGCGTAAATATATGGAGGAACACCAGTAGCGAAGGCGG
CTTGCTGGGTCTTTACTGACGCTGAGGCACGAAAGCGTGGGGAGCAAACAGGA
TTAGATACCCTGGTAGTCCACGCCGTAAACGATGAGTACTAAACGTTGGTTAAA
ACCAGTGTTGAAGTTAACACATTAAGTACTCCGCCTGAGTAGTACGTACGCAAG
TATGAAACTTAAAGGAATTGACGGGACTCCGCACAAGCGGTGGATCATGTTGT
TTAATTCGAAGGTACCCGAAAAACCTCACCAGGTCTTGACATGCTTCTGCAAAG
CTGTAGAAACACAGTGGAGGTTATCAGTTGCACAGGTGGTGCATGGTTGTCGTC
AGCTCGTGTCGTGAGATGTTGGGTTAAGTCCCGCAACGAGCGCAACCCTTATTG
TTAGTTACCAGCACGTAATGGTGGGGACTTTAGCAAGACTGCCAGTGATAAATT
GGAGGAAGGTGGGGACGACGTCAAATCATCATGCCCCTTATGACCTGGGCTAC
AAACGTGATACAATGGCTGTTACAAAGGGTAGCTGAAGCGCAAGTTTTTGGCG
AATCTCAAAAAAACAGTCTCAGTTCGGATTGAAGTCTGCAACTCGACTTCATGA
AGTTGGAATCGCTAGTAATCGCGAATCAGCATGTCGCGGTGAATACGTTCTCG
GGGTTTGTACACACCGCCCGTCA----------
>CV
GAAACGACTGCTAAGACTGGATAGGAGACAAGAAGGCATCTTCTTGTTTTTAA
AAGACCTAGCAATAGGTATGCTTAGGGAGGAGCTTGCGTCACATTAGTTAGTT
GGTGGGGTAAAGGCCTACCAAGACTATGATGTGTAGCCGGGCTGAGAGGTTG
AACGGCCACATTGGGACTGAGACACGGCCCAAACTCCTACGGGAGGCAGCAG
TAGGGAATTTTCGGCAATGGAGGAAACTCTGACCGAGCAACGCCGCGTGAACG
ATGAAGTATTTCGGTACGTAAAGTTCTTTTATTAGGGAAGAATAAATGATGGAA
AAATCATTCTGACGGTACCTAATGAATAAGCCCCGGCTAACTATGTGCCAGCA
GCCGCGGTAATACATAGGGGGCAAGCGTTATCCGGAATTATTGGGCGTAAAGG
GTGCGTAGGCGGTTAAATAAGTTTATGGTCTAAGTGCAATGCTCAACATTGTGA
TGCTATAAAAACTGTTTAGCTAGAGTAAGATAGAGGCAAGTGGAATTCCATGT
GTAGTGGTAAAATGCGTAAATATATGGAGGAACACCAGTAGCGAAGGCGGCTT
GCTGGGTCTTTACTGACGCTGAGGCACGAAAGCGTGGGGAGCAAACAGGATTA

GATACCCTGGTAGTCCACGCCGTAAACGATGAGTACTAAACGTTGGGTAAAAC
CAGTGTTGAAGTTAACACATTAAGTACTCCGCCTGAGTAGTACGTACGCAAGTA
TGAAACTTAAAGGAATTGACGGGACTCCGCACAAGCGGTGGATCATGTTGTTT
AATTCGAAGGTACCCGAAAAACCTCACCAGGTCTTGACATGCTTCTGCAAAGCT
GTAGAAACACAGTGGAGGTTATCAGTTGCACAGGTGGTGCATGGTTGTCGTCA
GCTCGTGTCGTGAGATGTTGGGTTAAGTCCCGCAACGAGCGCAACCCTTATTGT
TAGTTACCAGCACGTAATGGTGGGGACTTTAGCAAGACTGCCAGTGATAAATT
GGAGGAAGGTGGGGACGACGTCAAATCATCATGCCCCTTATGACCTGGGCTAC
AAACGTGATACAATGGCTGTTACAAAGGGTAGCTGAAGCGCAAGTTTTTGGCG
AATCTCAAAAAAACAGTCTCAGTTCGGATTGAAGTCTGCAACTCGACTTCATGA
AGTTGGAATCGCTAGTAATCGCGAATCAGCATGTCGCGGTGAATACGTTCTCGG
GGTTTGTACACACCGCCCGTCA----------
>SV
GAAACGACTGCTAAGACTGGATAGGAGACAAGAAGGCATCTTCTTGTTTTTAA
AAGACCTAGCAATAGGTATGCTTAGGGAGGAGCTTGCGTCACATTAGTTAGTT
GGTGGGGTAAAGGCCTACCAAGACTATGATGTGTAGCCGGGCTGAGAGGTTGA
ACGGCCACATTGGGACTGAGACACGGCCCAAACTCCTACGGGAGGCAGCAGT
AGGGAATTTTCGGCAATGGAGGAAACTCTGACCGAGCAACGCCGCGTGAACGA
TGAAGTATTTCGGTACGTAAAGTTCCTTTATTAGGGAGGAATAAATGATGGAAA
AATCACTCTGACGGTACCTAATGAATAAGCCCCGGCTAACTATGTGCCAGCAG
CCGCGGTAATACATAGGGGGCAAGCGTTATCCGGAATTATTGGGCGTAAAGGG
TGCGTAGGCGGTTAAATAAGTTTATGGTCTAAGTGCAATGCTCAACATTGTGAT
GCTATAAAAACTGTTTAGCTAGAGTAAGATAGAGGCAAGTGAAATTCCATGTG
TAGTGGTAAAATGCGTAAATATATGGAGGAACACCAGTAGCGAAGGCGGCTTG
CTGGGTCTTTACTGACGCTGAGGCACGAAAGCGTGGGGAGCAAACAGGATTAG
ATACCCTGGTAGTCCACGCCGTAAACGATGAGTACTAAACGTTGGTTAAAACC
AGTGTTGAAGTTAACACATTAAGTACTCCGCCTGAGTAGTACGTGCGCAAGTA
TGAAACTTGAAGGAATTGACGGGACTCCGCACAAGCGGTGGATCATGTTGTTT
AATTCGAAGGTACCCGAAAAACCTCACCAGGTCTTGACATGCTTCTGCAAAGC
TGTAGAAACACAGTGGAGGTTATCAGTTGCACAGGTGGTGCATGGTTGTCGTC
AGCTCGTGTCGTGAGATGTTGGGTTAAGTCCCGCAACGAGCGCAACCCTTATT
GTTAGTTACCAGCACGTAATGGTGGGGACTTTAGTAAGACTGCCAGTGATAAA
TTGGAGGAAGGTGGGGACGACGTCAAATCATCATGCCCCTTATGACCTGGGCT

ACAAACGTGATACAATGGCTGTTACAAAGGGTAGCTGAAGCGCAAGTTTTTGG
CGAATCTCAAAAAACAGTCTCAGTTCGGATTGAAGTCTGCAACTCGACTTCATG
AAGTTGGAATCGCTAGTAATCGCGAATCAGCATGTCGCGGTGAATACGTTCAC
GGGGTTTGTACACACCGCCCGTCA----------
>SY
GAAACGACTGCTAAGACTGGATAGGAAATAAAAAGGCATCTTTTTGTTTTTAAA
AGACCGTCTTCGGAGGGTATGCTTAAAGAGGGGCTTGCGCCACATTAGTTAGTT
GGTGAGGTAAAGGCTTACCAAGATTATGATGTGTAGCTGGACTGAGAGGTTGA
ACAGCCACATTGGGACTGAGACACGGCCCAAACTCCTACGGGAGGCAGCAGTA
GGGAATTTTCGGCAATGGAGGAAACTCTGACCGAGCGACGCCGCGTGAACGAT
GAAGTATTTCGGTATGTAAAGTTCTTTTATTGAAGAAGAAAAAATAGTGGAAA
AACTATCTTGACGTTATTCAATGAATAAGCCCCGGCTAACTATGTGCCAGCAGC
CGCGGTAAGACATAGGGGGCGAGCGTTATCCGGAATTATTGGGCGTAAAGGGT
GCGTAGGCGGTTAGATAAGTCTATAATTTAATTTCAGTGCTTAACGCTGTCTTGT
TATAGAAACTGTCTTGACTAGAGTGAGATAGAGGCAAGCGGAATTCCATGTGT
AGCGGTAAAATGTGTAAATATATGGAGGAACACCAGAAGCGTAGGCGGCTTGC
TGGGTCTTTACTGACGCTGAGGCACGAAAGCGTGGGGAGCAAACAGGATTAGA
TACCCTGGTAGTCCACGCTGTAAACGATGAGTACTAAGTGTCGGGGCAACTCG
GTACTGAAGTTAACACATTAAGTACTCCGCCTGAGTAGTACGTACGCAAGTAT
GAAACTTAAAGGAATTGACGGGACTCCGCACAAGCGGTGGATCATGTTGTTTA
ATTCGAAGATACACGAAAAACCTTACCAGGTCTTGACATACTCTGCGAAGCTAT
AGAAATATAGTGGAGGTTATCAGGGATACAGGTGGTGCATGGTTGTCGTCAGT
TCGTGTCGTGAGATGTTAGGTTAAGTCCTAAAACGAACGCAACCCCTGTCGTTA
GTTACCAGCACGTAATGGTGGGGACTTTAGCGAGACTGCCAATTAAACATTGG
AGGAAGGTGGGGATAACGTCAAATCATCATGCCCCTTATGATCTGGGCTACAA
ACGTGATACAATGGCTGTTACAAAGAGTAGCTGAAACGCGAGTTTTTAGCCAA
TCTCAAAAAGACAGTCTTAGTCCGGATTGAAGTCTGCAACTCGACTTCATGAAG
CTGGAATCGCTAGTAATCGCGAATCAGCATGTCGCGGTGAATACGTTCGCGGG
GTTTGTACACACCGCCCGTCA--------
>DY
GAAACGGTTGCTAAGACTGGATAGGAAATAAAAAGGCATCTTTTTGTTTTTAAA
AGACCTTCTTCGGAGGGTATGCTTAAAGAGGGGCTTGCGCCACATTAGTTAGTT
GGTGAGGTAAAGGCTTACCAAGATTATGATGTGTAGCTGGACTGAGAGGTTGA

ACAGCCACATTGGGACTGAGACACGGCCCAAACTCCTACGGGAGGCAGCAGTA
GGGAATTTTCGGCAATGGAGGAAACTCTGACCGAGCGACGCCGCGTGAACGAT
GAAGTATTTCGGTATGTAAAGTTCTTTTATTGAAGAAGAAAAAATAGTGGAAA
AACTATCTTGACGTTATTCAATGAATAAGCCCCGGCTAACTATGTGCCAGCAGC
CGCGGTAAGACATAGGGGGCGAGCGTTATCCGGAATTATTGGGCGTAAAGGGT
GCGTAGGCGGTTAGATAAGTCTATAATTTAATTTCAGTGCTTAACGCTGTCTTG
TTATAGAAACTGTCTTGACTAGAGTGAGATAGAGGCAAGCGGAATTCCATGTG
TAGCGGTAAAATGTGTAAATATATGGAGGAACACCAGAAGCGTAGGCGGCTTG
CTGGGTCTTTACTGACGCTGAGGCACGAAAGCGTGGGGAGCAAACAGGATTAG
ATACCCTGGTAGTCCACGCTGTAAACGATGAGTACTAAGTGTCGGGGCAACTC
GGTACTGAAGTTAACACATTAAGTACTCCGCCTGAGTAGTACGTACGCAAGTA
TGAAACTTAAAGGAATTGACGGGACTCCGCACAAGCGGTGGATCATGTTGTTT
AATTCGAAGATACACGAAAAACCTTACCAGGTCTTGACATACTCTGCGAAGCT
ATAGAAATATAGTGGAGGTTATCAGGGATACAGGTGGTGCATGGTTGTCGTCA
GTTCGTGTCGTGAGATGTTAGGTTAAGTCCTAAAACGAACGCAACCCTGTCG
TTAGTTACCAGCACGTAATGGTGGGGACTTTAGCGAGACTGCCAATTAAACAT
TGGAGGAAGGTGGGGATAACGTCAAATCATCATGCCCCTTATGATCTGGGCTA
CAAACGTGATACAATGGCTGTTACAAAGAGTAGCTGAAACGCGAGTTTTTAGC
CAATCTCAAAAAGACAGTCTTAGTCCGGATTGAAGTCTGCAACTCGACTTCAT
GAAGCTGGAATCGCTAGTAATCGCGAATCAGCATGTCGCGGTGAATACGTTCT
CGGGGTTTGTACACACCGCCCGTCA--------
>VvY
GAAACGACTGCTAAGACTGGATAGGAGACAAGAAGGCATCTTCTTGTTTTTAA
AAGACCTAGCAATAGGTATGCTTAGGGAGGAGCTTGCGTCACATTAGTTAGTT
GGTGGGGTAAAGGCCTACCAAGACTATGATGTGTAGCCGGGCTGAGAGGTTGA
ACGGCCACATTGGGACTGAGACACGGCCCAAACTCCTACGGGAGGCAGCAGT
AGGGAATTTTCGGCAATGGAGGAAACTCTGACCGAGCAACGCCGCGTGAACGA
TGAAGTATTTCGGTACGTAAAGTTCTTTTATTAGGGAAGAATAAATGATGAAA
AATCATTCTGACGGTACCTAATGAATAAGCCCCGGCTAACTATGTGCCAGCAGC
CGCGGTAATACATAGGGGGCAAGCGTTATCCGGAATTATTGGGCGTAAAGGGT
GCGTAGGCGGTTAAATAAGTTTATGGTCTAAGTGCAATGCTCAACATTGTGATG
CTATAAAAACTGTTTAGCTAGAGTAAGATAGAGGCAAGTGGAATTCCATGTGT
AGTGGTAAAATGCGTAAATATATGGAGGAACACCAGTAGCGAAGGCGGCTTGC

TGGGTCTTTACTGACGCTGAGGCACGAAAGCGTGGGGAGCAAACAGGATTAGA
TACCCTGGTAGTCCACGCCGTAAACGATGAGTACTAAACGTTGGGTAAAACCA
GTGTTGAAGTTAACACATTAAGTACTCCGCCTGAGTAGTACGTACGCAAGTATG
AAACTTAAAGGAATTGACGGGACTCCGCACAAGCGGTGGATCATGTTGTTTAA
TTCGAAGGTACCCGAAAAACCTCACCAGGTCTTGACATGCTTCTGCAAAGCTG
TAGAAACACAGTGGAGGTTATCAGTTGCACAGGTGGTGCATGGTTGTCGTCAG
CTCGTGTCGTGAGATGTTGGGTTAAGTCCCGCAACGAGCGCAACCCTTATTGTT
AGTTACCAGCACGTAATGGTGGGGACTTTAGCAAGACTGCCAGTGATAAATTG
GAGGAAGGTGGGGACGACGTCAAATCATCATGCCCCTTATGACCTGGGCTACA
AACGTGATACAATGGCTGTTACAAAGGGTAGCTGAAGCGCAAGTTTTTGGCGA
ATCTCAAAAAAACAGTCTCAGTTCGGATTGAAGTCTGCAACTCGACTTCATGAA
GTTGGAATCGCTAGTAATCGCGAATCAGCATGTCGCGGTGAATACGTTCTCGGG
GTTTGTACACACCGCCCGTCA----------
>MY
GAAACGACTGCTAAGACTGGATAGGAGACAAGAAGGCATCTTTTTGTTTTTAA
AAGACCTAGCAATAGGTATGCTTAGGGAGGAGCTTGCGTCACATTAGTTAGTT
GGTGGGGTAAAGGCCTACCAAGACTATGATGTGTAGCCGGGCTGAGAGGTTG
AACGGCCACATTGGGACTGAGACACGGCCCAAACTCCTACGGGAGGCAGCAG
TAGGGAATTTTCGGCAATGGAGGAAACTCTGACCGAGCAACGCCGCGTGAAC
GATGAAGTATTTCGGTACGTAAAGTTCTTTTATTAGGGAAGAATAAATGATGG
AAAAATCATTCTGACGGTACCTAATGAATAAGCCCCGGCTAACTATGTGCCAG
CAGCCGCGGTAATACATAGGGGGCAAGCGTTATCCGGAATTATTGGGCGTAAA
GGGTGCGTAGGCGGTTAAATAAGTTTATGGTCTAAGTGCAATGCTTAACATTG
TGATGCTATAAAAACTGTTTAACTAGAGTAAGATAGAGGCAAGTGGAATTCCA
TGTGTAGTGGTAAAATGCGTAAATATATGGAGGAACACCAGTAGCGAAGGCG
GCTTGCTGGGTCTTTACTGACGCTGAGGCACGAAAGCGTGGGGAGCAAACAG
GATTAGATACCCTGGTAGTCCACGCCGTAAACGATGAGTACTAAATGTTGGGT
AAAACCAGTGTTGAAGTTAACACATTAAGTACTCCGCCTGAGTAGTACGTACG
CAAGTATGAAACTTAAAGGAATTGACGGGACTCCGCACAAGCGGTGGATCATG
TTGTTTAATTCGAAGGTACCCGAAAAACCTCACCAGGTCTTGACATGCTTCTGC
AAAGCTGTAGAAACACAGTGGAGGTTATCAGTTGCACAGGTGGTGCATGGTTG
TCGTCAGCTCGTGTCGTGAGATGTTGGGTTAAGTCCCGCAACGAGCGCAACCCT
TATTGTTAGTTGCCAGCACGTAATGGTGGGGACTTTAGCAAGACTGCCAGTGAT

AAATTGGAGGAAGGTGGGGACGACGTCAAATCATCATGCCCCTTATGACCTGG
GCTACAAACGTGATACAATGGCTGTTACAAAGGGTAGCTGAAACGTAAGTTTTT
GGCGAATCTCAAAAAAACAGTCTCAGTTCGGATTGAAGTCTGCAACTCGACTTC
ATGAAGTTGGAATCGCTAGTAATCGCGAATCAGCATGTCGCGGTGAATACGTTC
TCGGGGTTTGTACACACCGCCCGTCA----------
>PgFS
GAAACGACTGCTAAGACTGGATAGGAGACAAGAAGGCATCTTCTTGTTTTTAA
AAGACCTAGCAATAGGTATGCTTAGGGAGGAGCTTGCGTCACATTAGTTAGTTG
GTGGGGTAAAGGCCTACCAAGACTATGATGTGTAGCCGGGCTGAGAGGTTGAA
CGGCCACATTGGGACTGAGACACGGCCCAAACTCCTACGGGAGGCAGCAGTAG
GGAATTTTCGGCAATGGAGGAAACTCTGACCGAGCAACGCCGCGTGAACGATG
AAGTATTTCGGTACGTAAAGTTCTTTTATTAGGGAAGAATAAATGATGGAAAAA
TCATTCTGACGGTACCTAATGAATAAGCCCCGGCTAACTATGTGCCAGCAGCCG
CGGTAATACATAGGGGGCAAGCGTTATCCGGAATTATTGGGCGTAAAGGGTGC
GTAGGCGGTTAAATAAGTTTATGGTCTAAGTGCAATGCTCAACATTGTGATGCT
ATAAAAACTGTTTAGCTAGAGTAAGATAGAGGCAAGTGGAATTCCATGTGTAG
TGGTAAAATGCGTAAATATATGGAGGAACACCAGTAGCGAAGGCGGCTTGCTG
GGTCTTTACTGACGCTGAGGCACGAAAGCGTGGGGAGCAAACAGGATTAGATA
CCCTGGTAGTCCACGCCGTAAACGATGAGTACTAAACGTTGGGTAAAACCAGT
GTTGAAGTTAACACATTAAGTACTCCGCCTGAGTAGTACGTACGCAAGTATGA
AACTTAAAGGAATTGACGGGACTCCGCACAAGCGGTGGATCATGTTGTTTAAT
TCGAAGGTACCCGAAAAACCTCACCAGGTCTTGACATGCTTCTGCAAAGCTGT
AGAAACACAGTGGAGGTTATCAGTTGCACAGGTGGTGCATGGTTGTCGTCAGC
TCGTGTCGTGAGATGTTGGGTTAAGTCCCGCAACGAGCGCAACCCTTATTGTT
AGTTACCAGCACGTAATGGTGGGGACTTTAGCAAGACTGCCAGTGATAAATTG
GAGGAAGGTGGGGACGACGTCAAATCATCATGCCCCTTATGACCTGGGCTACA
AACGTGATACAATGGCTGTTACAAAGGGTAGCTGAAGCGCAAGTTTTTGGCGA
ATCTCAAAAAAACAGTCTCAGTTCGGATTGAAGTCTGCAACTCGACTTCATGAA
GTTGGAATCGCTAGTAATCGCGAATCAGCATGTCGCGGTGAATACGTTCTCGG
GGTTTGTACACACCGCCCGTCA----------
>SjFS
GAAACGACTGCTAAGACTGGATAGGAGACAAGAAGGCATCTTCTTGTTTTTAA
AAGACCTAGCAATAGGTATGCTTAGGTAGGAGCTTGCGTCACATTAGTTAGTTG

GTGGGGTAAAGGCCTACCAAGACTATGATGTGTAGCCGGGCTGAGAGGTTGAA
CGGCCACATTGGGACTGAGACACGGCCCAAACTCCTACGGGAGGCAGCAGTAG
GGAATTTTCGGCAATGGAGGAAACTCTGACCGAGCAACGCCGCGTGAACGAT
GAAGTATTTCGGTACGTAAAGTTCTTTTATTAGGGAAGAATAAATGATGGAAA
AATCATTCTGACGGTACCTAATGAATAAGCCCCGGCTAACTGTGTGCCAGCAG
CCGCGGTAATACATAGGGGGCAAGCGTTATCCGGAATTATTGGGCGTAAAGGG
TGCGTAAGCGGTTAAATAAGTTTATGGTCTAAGTGCAATGCTCAACATTGTGAT
GCTATAAAAACTGTTTAGCTAGAGTAAGATAGAGGCAAGTGGAATTCCATGTG
TAGTGGTAAAATGCGTAAATATATGGAGGAACACCAGTAGCGAAGGCGGCTT
GCTGGGTCTTTACTGACGCTGAGGCACGAAAGCGTGGGGAGCAAACAGGATT
AGATACCCTGGTAGTCCACGCCGTAAACGATGAGTACTAAACGTTGGGTAAAA
CCAGTGTTGAAGTTAACACATTAAGTACTCCGCCTGAGTAGTACGTACGCAAG
TATGAAACTTAAAGGAATTGACGGGACTCCGCACAAGCGGTGGATCACGTTGT
TTAATTCGAAGGTACCCGAAAAACCTCACCAGGTCTTGACATGCTTCTGCAAA
GCTGTAGAAACACAGTGGAGGTTATCAGTTGCACAGGTGGTGCATGGTTGTCG
TCAGCTCGTGTCGTGAGATGTTGGGTTAAGTCCCGCAACGAGCGCAACCCTTAT
TGTTAGTTACCAGCACGTAATGGTGGGGACTTTAGCAAGACTGCCAGTGATAA
ATTGGAGGAAGGTGGGGACGACGTCAAATCATCATGCCCCTTATGACCTGGGC
TACAAACGTGATACAATGGCTGTTACAAAGGGTAGCTGAAGCGCAAGTTTTTG
GCGAATCTCAAAAAAACAGTCTCAGTTCGGATTGAAGTCTGCAACTCGACTTC
ATGAAGTTGGAATCGCTAGTAATCGCGAATCAGCATGTCGCGGTGAATACGTT
CTCGGGGTTTGTACACACCGCTCA------------
>LiFS
GAAACGACTGCTAAGACTGGGTAGGAGACAAGAAGGCATCTTCTTGTTTTTAA
AAGACCTAGCAATAGGTATGCTTAGGGAGGAGCTTGCGTCACATTAGTTAGTT
GGTGGGGTAAAGGCCTACCAAGACTATGATGTGTAGCCGGGCTGAGAGGTTAA
ACGGCCACATTGGGACTGAGACACGGCCCAAACTCCTACGGGAGGCAGCAGTA
GGGAATTTTCGGCAATGGAGGAAACTCTGACCGAGCAACGCCGCGTGAACGAT
GAAGTATTTCGGTACGTAGAGTTCTTTTATTAGGGAAGAATAAATGATGGAAAA
ATCATTCTGACGGTACCTAATGAATAAGCCCCGGCTAACTATGTGCCAGCAGCC
GCGGTAATACATAGGGGGCAAGCGTTATCCGGAATTATTGGGCGTAAAGGGTG
CGTAGGCGGTTAAATAAGTTTGTGGTCTAAGTGCAATGCTCAACATTGTGATGC
TATAAAAACTGTTTAGCTAGAGTAAGATAGAGGCAAGTGGAATTCCATGTGTA

GTGGTAAAATGCGTAAATATATGGAGGAACACCAGTAGCGAAGGCGGCTTGCT
GGGTCTTTACTGACGCTGAGGCACGAAAGCGTGGGGAGCAAACAGGATTAGAT
ACCCTGGTAGTCCACGCCGTAAACGATGAGTACTAAACGTTGGTTAAAACCAG
TGTTGAAGTTAACACATTAAGTACTCCGCCTGAGTAGTACGTACGCAAGTATGA
AACTTAAAGGAATTGACGGGACTCCGCACAAGCGGTGGATCATGTTGTTTAAT
TCGAAGGTACCCGAAAAACCTCACCAGGTCTTGACATGCTTCTGCAAAGCTGT
AGAAACACAGTGGAGGTTATCAGTTGCACAGGTGGTGCATGGTTGTTGTCAGC
TCGTGTCGTGAGATGTTGGGTTAAGTCCCGCAACGAGCGCAACCCTTATTGTTA
GTTACCAGCACGTAATGGTGGGGACTTTAGCAAGACTGCCAGTGATAAATTGG
AGGAAGGTGGGGACGACGTCAAATCATCATGCCCCTTATGACCTGGGCTACAA
ACGTGATACAATGGCTGTTACAAAGGGTAGCTGAAGCGCAAGTTTTTGGCGAA
TCTCAAAAAAACAGTCTCAGTTCGGATTGAAGTCTGCAACTCGACTTCATGAAG
TTGGAATCGCTAGTAATCGCGAATCAGCATGTCGCGGTGAATACGTTCTCGGGG
TTTGTACACACCGCCCGTCA----------
>SFS
GAAACGACTGCTAAGACTGGATAGGAGACAAGAAGGCATCTTCTTGTTTTTAA
AAGACCTAGCAATAGGTATGCTTAGGGAGGAGCTTGCGTCACATTAGTTAGTTG
GTGGGGTAAAGGCCTACCAAGACTATGATGTGTAGCCGGGCTGAGAGGTTGAA
CGGCCACATTGGGACTGAGACACGGCCCAAACTCCTACGGGAGGCAGCAGTAG
GGAATTTTCGGCAATGGAGGAAACTCTGACCGAGCAACGCCGCGTGAACGATG
AAGTATTTCGGTACGTAAAGTTCTTTTATTAGGGAAGAATAAATGATGGAAAAA
TCATTCTGACGGTACCTAATGAATAAGCCCCGGCTAACTATGTGCCAGCAGCCG
CGGTAATACATAGGGGGCAAGCGTTATCCGGAATTATTGGGCGTAAAGGGTGC
GTAGGCGGTTAAATAAGTTTATGGTCTAAGTGCAATGCTCAACATTGTGATGCT
ATAAAAACTGTTTAGCTAGAGTAAGATAGAGGCAAGTGGAATTCCATGTGTAG
TGGTAAAATGCGTAAATATATGGAGGAACACCAGTAGCGAAGGCGGCTTGCTG
GGTCTTTACTGACGCTGAGGCACGAAAGCGTGGGGAGCAAACAGGATTAGATA
CCCTGGTAGTCCACGCCGTAAACGATGAGTACTAAATGTTGGGTAAAACCAGT
GTTGAAGTTAACACATTAAGTACTCCGCCTGAGTAGTACGTACGCAAGTATGA
AACTTAAAGGAATTGACGGGACTCCGCACAAGCGGTGGATCATGTTGTTTAAT
TCGAAGGTACCCGAAAAACCTCACCAGGTCTTGACATGCTTCTGCAAAGCTGT
AGAAACACAGTGGAGGTTATCAGTTGCACAGGTGGTGCATGGTTGTCGTCAGC
TCGTGTCGTGAGATGTTGGGTTAAGTCCCGCAACGAGCGCAACCCTTATTGTTA

GTTACCAGCACGTAATGGTGGGGACTTCAGCAAGACTGCCAGTGATAAATTGG
AGGAAGGTGGGGACGACGTCAAATCATCATGCCCCTTATGACCTGGGCTACAA
ACGTGATACAATGGCTGTTACAAAGGGTAGCTGAAGCGCAAGTTTTTGGCGAA
TCTCAAAAAAACAGTCTCAGTTCGGATTGAAGTCTGCAACTCGACTTCATGAAG
TTGGAATCGCTAGTAATCGCGAATCAGCATGTCGCGGTGAATACGTTCGCGGG
GTTTGTACACACCGCCCGTCA----------

>MR
GAAACGACTGCTAAGACTGGATAGGAGACAAGAAGGCATCTTCTTGTTTTTAA
AAGACCTAGCAATAGGTATGCTTAGGGAGGAGCTTGCGTCACATTAGTTAGTT
GGTGGGGTAAAGGCCTACCAAGACTATGATGTGTAGCCGGGCTGAGAGGTTGA
ACGGCCACATTGGGACTGAGACACGGCCCAAACTCCTACGGGAGGCAGCAGTA
GGGAATTTTCGGCAATGGAGGAAACTCTGACCGAGCAACGCCGCGTGAACGAT
GAAGTATTTCGGTACGTAAAGTTCTTTTATTAGGGAAGAATAAATGATGGAAAA
ATCATTCTGACGGTACCTAATGAATAAGCCCCGGCTAACTATGTGCCAGCAGCC
GCGGTAATACATAGGGGGCAAGCGTTATCCGGAATTATTGGGCGTAAAGGGTG
CGTAGGCGGTTAAATAAGTTTATGGTCTAAGTGCAATGCTCAACATTGTGATGC
TATAAAAACTGTTTAGCTAGAGTAAGATAGAGGCAAGTGGAATTCCATGTGTA
GTGGTAAAATGCGTAAATATATGGAGGAACACCAGTAGCGAAGGCGGCTTGCT
GGGTCTTTACTGACGCTGAGGCACGAAAGCGTGGGGAGCAAACAGGATTAGAT
ACCCTGGTAGTCCACGCCGTAAACGATGAGTACTAAACGTTGGTTAAAACCAG
TGTTGAAGTTAACACATTAAGTACTCCGCCTGAGTAGTACGTACGCAAGTATG
AAACTTAAAGGAATTGACGGGACTCCGCACAAGCGGTGGATCATGTTGTTTAA
TTCGAAGGTACCCGAAAAACCTCACCAGGTCTTGACATGCTTCTGCAAAGCTG
TAGAAACACAGTGGAGGTTATCAGTTGCACAGGTGGTGCATGGTTGTCGTCAG
CTCGTGTCGTGAGATGTTGGGTTAAGTCCCGCAACGAGCGCAACCCTTATTGT
TAGTTACCAGCACGTAATGGTGGGGACTTTAGCAAGACTGCCAGTGATAAATT
GGAGGAAGGTGGGGACGACGTCAAATCATCATGCCCCTTATGACCTGGGCTAC
AAACGTGATACAATGGCTGTTACAAAGGGTAGCTGAAGCGCAAGTTTTTGGCG
AATCTCAAAAAAACAGTCTCAGTTCGGATTGAAGTCTGCAACTCGACTTCATGA
AGTTGGAATCGCTAGTAATCGCGAATCAGCATGTCGCGGTGAATACGTTCTCGG
GGTTTGTACACACCGCCCGTCA----------

>GbR
GAAACGACTGCTAAGACTGGATAGGAGACAAGAAGGCATCTTCTTGTTTTTAA

AAGACCTAGCAATAGGTATGCTTAGGGAGGAGCTTGCGTCACATTAGTTAGTTG
GTGGGGTAAAGGCCTACCAAGACTATGATGTGTAGCCGGGCTGAGAGGTTGAA
CGGCCACATTGGGACTGAGACACGGCCCAAACTCCTACGGGAGGCAGCAGTAG
GGAACTTTCGGCAATGGAGGAAACTCTGACCGAGCAACGCCGCGTGAACGATG
AAGTATTTCGATACGTAAAGTTCTTTTATTAGGGAAGAATAAATGATGGAAAAA
TCATTCTGACGGTACCTAATGAATAAGCCCCGGCTAACTATGTGCCAGCAGCCG
CGGTAATACATAGGGGGCAAGCGTTATCCGGAATTATTGGGCGTAAAGGGTGC
GTAGGCGGTTAAATAAGTTTATGGTCTAAGTGCAATGCTCAACATTGTGATGCT
ATAAAAACTGTTTAGCTAGAGTAAGATAGAGGCAAGTGGAATTCCATGTGTAG
TGGTAAAATGCGTAAATATATGGAGGAACACCAGTAGCGAAGGCGGCTTGCTG
GGTCTTTACTGACGCTGAGGCACGAAAGCGTGGGGAGCAAACAGGATTAGATA
CCCTGGTAGTCCACGCCGTAAACGATGAGTACTAAACGTTGGGTAAAACCAGT
GTTGAAGTTAACACATTAAGTACTCCGCCTGAGTAGTACGTACGCAAGTATGA
AACTTAAAGGAATTGACGGGACTCCGCACAAGCGGTGGATCATGTTGTTTAAT
TCGAAGGTACCCGAAAAACCTCACCAGGTCTTGACATGCTTCTGCAAAGCTGT
AGAAACACAGTGGAGGTTATCAGTTGCACAGGTGGTGCATGGTTGTCGTCAGC
TCGTGTCGTGAGATGTTGGGTTAAGTCCCGCAACGAGCGCAACCCTTATTGTTA
GTTACCAGCACGTAATGGTGGGGACTTTAGCAAGACTGCCAGTGATAAATTGG
AGGAAGGTGGGGACGACGTCAAATCATCATGCCCCTTATGACCTGGGCTACAA
ACGTGATACAATGGCTGTTACAAAGGGTAGCTGAAGCGCAAGTTTTTGGCGAA
TCTCAAAAAAACAGTCTCAGTTCGGATTGAAGTCTGCAACTCGACTTCATGAAG
TTGGAATCGCTAGTAATCGCGAATCAGCATGTCGCGGTGAATACGTTCTCGGGG
TTTGTACACACCGCCCGTCA----------
>PpT
GAAACGGTTGCTAAGACTGGATAGGAAACAAAAAGGCATCTTTTTGTTTTTAAA
AGACCTTCTTATGAAGGTATGCTTAAAGAGGGGCTTGCGCCACATTAGTTAGTT
GGTAGGGTAAAAGCCTACCAAGACGATGATGTGTAGCTGGACTGAGAGGTTGA
ACAGCCACATTGGGACTGAGACACGGCCCAAACTCCTACGGGAGGCAGCAGTA
GGGAATTTTCGGCAATGGAGGAAACTCTGACCGAGCAACGCCGCGTGAACGAT
GAAGTATTTCGGTATGTAAAGTTCTTTTATTGAAGAAGAAAAAGTAGTGGAAA
AACTATATTGACGTTATTCAATGAATAAGCCCCGGCTAACTATGTGCCAGCAGC
CGCGGTAAGACATAGGGGGCGAGCGTTATCCGGAATTATTGGGCGTAAAGGGT
GCGTAGGCTGTTAGATAAGTCTATAATTTAATTTCAGTGCTTAACGCTGTCTTGT

TATAGAAACTGTCTTGACTAGAGTGAGATAGAGGCAAGCGGAATTCCATGTGT
AGCGGTAAAATGTGTAAATATATGGAGGAACACCAGAAGCGTAGGCGGCTTGC
TGGGTCTTTACTGACGCTGAGGCACGAAAAGCGTGGGTAGCAAACAGGATTAG
ATACCCTGGTAGTCCACGCCGTAAACGATGAGTACTAAGTGGTCGGGGTAAAA
CTCGGGTACTGAAAGTTAACACATTAAGTACTCCGCCTGAGTAGTACGTACGC
AAGTATGAAACTTAAAGGAATTGACGGGACTCCGCACAAGCGGGCGGATCATG
TTGTTTAATTCGAAGATACACGAAAAATCCTTACCAGGTCTTGACATACTCTGC
AAAGCTATAGAAATATAGTGGAGGTTATCAGGGATACAGGTGGTGCATGGTTG
TCGTCAGTTCGTGTCGTGAGATGTTAGGTTAAGTCCTAAAACGAGCGCAACCCT
TGTCGTTAATTGCCAGCACGTAATGGTGGGGACTTTAGCGAGACTGCCAATTAA
ACATTGGAGGAAGGTGAGGATTACGTCAAATCATCATGCCCCTTATGATCTGG
GCTACAAACGTGATACAATGGCTGTGACAAAGAGTAGCTGAAACGCGAGTTTT
TAGCCAATCTCAAAAAAGCAGTCTCAGTTCGGATTGAAGTCTGTAACTCGACTT
CATGAAGTTGGAATCGCTAGTAATCGCGAATCAGCATGTCGCGGTGAATACGTT
CTCGGGGTTTGTACACACCGCCCGTCA

附录 3　未提交的 12 个植原体株系 *rp* 基因序列

>BrV-rp

ATGGTGGGTCATAAATTAGGAGAATTTTCGCCTACTCGTGTTTTTCGTGGTCATG
CTAAAGGTGATAAGAAAAATCAAAAAAAATAATTTAAAGAAGGTATTTATATA
TGAAGGTTAAAGCGGTAGCAAGTCAAATACCTGTTACGCCTAGAAAAGTGTGT
TTGGTTGTTGATTTAATTCGTGGTCAAAAAATTAAAGAAGCTGAAGCTATTTTA
ACTTTAAATTCAAAATCAGCTGCTCCTATTGTTTTGAAATTGTTAAAAAGTGTG
GTAGCTAATGCTGTTCATAATTTTAATTTAAATAAAGATGATTTATATGTAGAA
GAAATATTTGTTAATGAAAGCATTTCTTTACCTCGTTTATTTCCTAGAGCTAAA
GGAAAGACAGATAAAAGAAAAAAGAGAACTAGTCATATCAAAATATTTGTTTC
TAAATGTCAAAAAAAAGAAACTCAGGAGATATAATATAAATGGGTCAAAAAA
GCAATCCTAATGGTTTAAGATTAGGAATTATTCGTACTTGGGAATCTAAATGGT
ATGCTGAAGATAAACAAGTTCCTTCTTTGGTTTGCGAAGATTTTCAAATTAGAA
ATTTAATTAAAAATCATTATCCTAAAGCAACTATTTCTCAAATAGAAATAAAAC
GTTTAAAAAAAACGAATGATGAAGTTATTGAGATCGAACTATATACTTCTAAAA
TAGGTTTGATTCAAGGTCCAGATAATAAAAATAAAAATAGTTTAGTTAGTAAAA
TAGAAAATTTAATTAAAAAGAAAATTCAAATTAATATTTTTGAAGTTAAAGCTG
TTAATAAAATTGCTGTTTTAGTAGCTCAAAATATAGCAATACAACTACAACAAA
GAGCTTTTTATAAAGCTGTTCAAAAATCAGCTGTTCAAAAAGCTTTAAGAAGCG
GTGTTAAAGGTATTAAAATTATTATTACAGGTCGTTTGGGCGGAGCTGAAAAAG
CTAGACAAGAATCTATTTCTATGGGCGTCGTTCCTTTAAACACTTTGAGAGCTG
ATATTGATTATGCTTGCGAAGAAGCTCATACTACTTATGGCGTCTTAGGGGTTA
AAGTTATTATTAATCATGGTGAAGTTTTGCCTAATAAGACTATTTCTGATACTAG
ACAAATATTTGCTTCTCAATATGATAATAAAAAACATTTTAATAAAAAGAATTT
TGCTGAGAAAAAATATTTTAAAAAAAATACGTCTTAATATAATAAAAGGGGTA

AAAAAATCATTATGTTAATGCCAAAAAGAAC

>CbWB-rp

TGGACATAAGTTAGGTGAATTTTCCCCTACACGTACTTACCGCGGACACAACA
AAAAAGACAAAAAAATGCAAAAAAAATAAAATAATGGGAAGGAATAACTATG
GAAACCAAAAACGCCAAAGCGATTGCTAGAAAAGTTTCAATCGCCCCTCGAA
AAGCACGTTTAGTTGTTGATTTAATTCGAGGAAAAAATATTGCACAAGCTCAA
GCCATTTTAACTTTTACCCCTAAAGTAGCTGCTCCCGTTATTTTAAAACTTTTAA
ACAGTGCTGTTTCCAATGCTGTTAATAATTTAAAATTAAACCGCGAACAACTTT
ATGTTAAAGAAGTTTTTGTCAACGAAGGTTTGCGTTTAAAACGTATGTTTCCAA
GAGCTAAAGGTTCTGGTGATATGATTAAAAAAAAGAACCAGCCACATTACTTTA
GTAATAACTTCTAACACAAACTTGCAAACATCAAAGGAGGAAGAACAAAGTGG
GTCAAAAAACTAATCCTAACGGCTTAAGATTAGGCATTATTAGAACTTGGGAA
TCTCAATGGTGTGTTAATGATAAAGAAATTCCTAATTTAATTAAAGAAGATTTT
TTAATTCGTAAACTAATCAATAATTTTACTAAAAAAAGTGCTATCAGTCAAATT
GACATTGAACGCCTAAAAGAAAAAAATAAAAACCGTATCACTATTTCTGTCCA
CACCGCTAAACCAGGCGTTATTATTGGAAAAGATGGCGATACACGCAACAAAT
TAGTTGCCAAACTCAAAGAACCTACCCAAAAAGACGTTAATCTTAACGTGTTAG
AAGTTAAAAACTCTGATAAAATCGCTTTATTAATTGCTCAAAATATGGCTGAAC
AACTAGAAAATCGTATGTTTTTCCGCCGTGTTCAAAAAATGGCAATCCAAAAAG
CCCTAAAAGCTGGTGCCAAAGGAGTAAAAACTTTAATTTCTGGTCGTTTGGGTG
GTGCTGAAATAGCTCGTAGCGAAGGACATGCCGAAGGCAGAGTTCCTCTACAC
ACTCTAAGAGCAGACATCGATTACGCTGCTGTTGAAGCTCACACTACTTATGGA
GTTTTAGGAATTAAAGTATGGATTTTCCACGGTGAAGTTTTACCGGGACAAACC
ATTCTAGACACTAGAAAACCGTTTGCTTCCCAATCTTCTAACACTCCTAACAGA
CGCCCTCGCAATTTCAAAGGAGGCAACAATAATCATGTTAATGCCAAAAAGAA
CTAAATATCGTA

>CtcWB-rp

TTTTCCCCTACACGTACTTACCGCGGACACAATAAAAAAGACAAAAAAATCCA
AAAAAAATAAAATAATGGGAAGGAATAACTATGGAAACCAAAAACGCCAAAG
CGATTGCTAGAAAAGTTTCAATCGCCCCTCGAAAAGCACGTTTAGTTGTTGATT
TAATTCGAGGAAAAAATATTGCACAAGCTCAAGCAATTTTAACTTTTACCCCTA
AAGTAGCTGCTCCCGTTATTTTAAAACTTTTAAACAGTGCTGTTTCCAATGCTGT
TAATAATTTAAAATTAAACCGCGAACAACTTTATGTTAAAGAAGTTTTTGTTAA

CGAGGGTTTGCGTTTAAAACGTATGTTTCCAAGAGCTAAAGGTTCTGGTGATAT
GATTAAAAAAAGAACCAGCCACATTACTTTAGTAATAACTTCTAGCACAAACT
TGCAAACATCAAAGGAGGAAGAACAAAGTGGGTCGAAAAACTAATCCTAACG
GTTTAAGATTAGGTATTATTAGAACTTGGGAATCTCAATGGTTTGTTAATGATA
AAGAAATTCCTAATTTAATTAAAGAAGATTTTTTAATTCGTAAACTAATTAATA
ATTTTGCTAAAAAAAGCGCTATCAGTCAAATTGACATCGAACGCCTAAAAGAA
AAAAATAAAAACAGTATCACTATTTCTGTCCACACCGCTAAACCAGGCGTTAT
TATTGGAAAAGACGGCGATACACGCAACAAATTAGTTGCCAAAATAAAAGAG
CTTACCCAAAAAGATGTTAATCTTAACGTTTTAGAAGTTAAAAACTCTGATAAA
ATCGCTTTATTAATTGCTCAAAATATGGCTGAACAACTAGAAAATCGTATGTTT
TTCCGCCGTGTTCAAAAAATGGCAATCCAAAAAGCCCTAAAAGCAGGTGCTAA
AGGAGTAAAAACTTTAATTTCTGGTCGTTTGGGTGGTGCTGAAATAGCTCGAAG
CGAAGGACATGCTGAAGGCAGAGTTCCTCTACACACTCTAAGAGCAGACATCG
ATTACGCTGCTGTTGAAGCTCACACTAATTATGGAGTTTTAGGAATTAAAATAT
GGATTTTCCACGGTGAAGTTTTACCAGGACAAACCATTCTAGACACTAGAAAAC
CGTTTGCTTCCCAATCTTCTAACAATCCTAATATACGTTCTCGCAATTTAAAAGG
AGGCAACAATAATCATGTTAATGCCAAAAAGAAC
>CY-rp
TGGACATAAGTTAGGTGAATTTTCCCCTACACGTACTTACCGCGGACACAACAA
AAAAGACAAAAAAATGCAAAAAAAATAAAATAATGGGAAGGAATAACTATGG
AAACCAAAAACGCCAAAGCGATTGCTAGAAAAGTTTCAATCGCCCCTCGAAAA
GCACGTTAGTTGTTGATTTAATTCGAGGAAAAAATATTGCACAAGCTCAAGCC
ATTTTAACTTTTACCCCTAAAGTAGCTGCTCCCGTTATTTTAAAACTTTTAAACA
GTGCTGTTTCCAATGCTGTTAATAATTTAAAATTAAACCGCGAACAACTTTATG
TTAAAGAAGTTTTTGTCAACGAAGGTTTGCGTTTAAAACGTATGTTTCCAAGAG
CTAAAGGTTCTGGTGATATGATTAAAAAAAGAACCAGCCACATTACTTTAGTAA
TAACTTCTAACACAAACTTGCAAACATCAAAGGAGGAAGAACAAAGTGGGTCA
AAAAACTAATCCTAACGGCTTAAGATTAGGCATTATTAGAACTTGGGAATCTCA
ATGGTGTGTTAATGATAAAGAAATTCCTAATTTAATTAAAGAAGATTTTTTAAT
TCGTAAACTAATCAATAATTTTACTAAAAAAAGTGCTATCAGTCAAATTGACAT
TGAACGCCTAAAAGAAAAAAATAAAAACCGTATCACTATTTCTGTCCACACCG
CTAAACCAGGCGTTATTATTGGAAAAGATGGCGATACACGCAACAAATTAGTT
GCCAAACTCAAAGAACCTACCCAAAAAGACGTTAATCTTAACGTGTTAGAAGT

TAAAAACTCTGATAAAATCGCTTTATTAATTGCTCAAAATATGGCTGAACAACT
AGAAAATCGTATGTTTTTCCGCCGTGTTCAAAAAATGGCAATCCAAAAAGCCCT
AAAAGCTGGTGCCAAAGGAGTAAAAACTTTAATTTCTGGTCGTTTGGGTGGTGC
TGAAATAGCTCGTAGCGAAGGACATGCCGAAGGCAGAGTTCCTCTACACACTC
TAAGAGCAGACATCGATTACGCTGCTGTTGAAGCTCACACTACTTATGGAGTT
TTAGGAATTAAAGTATGGATTTTCCACGGTGAAGTTTTACCGGGACAAACCAT
TCTAGACACTAGAAAACCGTTTGCTTCCCAATCTTCTAACACTCCTAACAGAC
GCCCTCGCAATTTCAAAGGAGGCAACAATAATCATGTTAATGCCAAAAAGAA
CTAAATATCGTA

>GbV-rp

TTTTCCCCTACACGTACTTACCGCGGACACAATAAAAAAGACAAAAAAATCCA
AAAAAAATAAGATAATGGGAAGGAATAACTATGGAAACCAAAAACGCCAAAG
CGATTGCTAGAAAAGTTTCAATCGCCCCTCGAAAAGCACGTTTAGTTGTTGATT
TAATTCGAGGAAAAAATATTGCACAAGCTCAAGCAATTTTAACTTTTACCCCTA
AAGTAGCTGCTCCCGTTATTTTAAAACTTTTAAACAGTGCTGTTTCCAATGCTGT
TAATAATTTAAAATTAAACCGCGAACAACTTTATGTTAAAGAAGTTTTTGTTAA
CGAAGGTTTGCGTTTAAAACGTATGTTTCCAAGAGCTAAAGGTTCTGGTGATAT
GATTAAAAAAAGAACCAGCCACATTACTTTAGTAATAACTTCTAGCACAAACTT
GCAAACATCAAAGGAGGAAGAACAAAGTGGGTCAAAAAACTAATCCTAACGG
TTTAAGATTAGGCATTATTAGAACTTGGGAATCTCAATGGTTTGTTAATGATAA
AGAAATTCCTAATTTAATTAAAGAAGATTTTTTAATTCGTAAACTAATTAATAA
TTTTGCTAAAAAAAGCGCCATCAGTCAAATTGACATCGAACGCCTAAAAGAAA
AAAATAAAAACAGTATCACTATTTCTGTCCACACCGCTAAACCAGGCGTTATT
ATTGGAAAAGACGGCGATACACGCAACAAATTAGTTGCCAAAATAAAAGAGC
TTACCCAAAAAGATGTTAATCTTAACGTTTTAGAAGTTAAAAACTCTGATAAAA
TCGCTTTATTAATTGCTCAAAATATGGCTGAACAACTAGAAAATCGTATGTTCT
TCCGCCGTGTTCAAAAAATGGCAATCCAAAAAGCCCTAAAAGCAGGTGCTAAA
GGAGTAAAAACTTTAATTTCTGGTCGTTTGGGTGGTGCTGAAATAGCTCGAAGC
GAAGGACATGCTGAAGGCAGAGTTCCTCTACACACTCTAAGAGCAGACATCGA
TTACGCTGCTGTTGAAGCTCACACTAATTATGGAGTTTTAGGAATTAAAATATG
GATTTTCCACGGTGAAGTTTTACCAGGACAAACCATCCTAGACACTAGAAAAC
CGTTTGCTTCCCAATCTTCTAACAATCCTAATATACGTTCTCGCAATTTAAAAGG
AGGCAACAATAATCATGATAATGCCAAAAAGGACTAAATATCGT

>GbR-rp

TGGACATAAGTTAGGTGAATTTTCCCCTACACGTACTTACCGCGGACACAACAA
AAAAGACAAAAAAATGCAAAAAAAATAAAATAATGGGAAGGAATAACTATGG
AAACCAAAAACGCCAAAGCGATTGCTAGAAAAGTTTCAATCGCCCCTCGAAAA
GCACGTTTAGTTGTTGATTTAATTCGAGGAAAAAATATTGCACAAGCTCAAGCC
ATTTTAACTTTTACCCCTAAAGTAGCTGCTCCCGTTATTTTAAAACTTTTAAACA
GTGCTGTTTCCAATGCTGTTAATAATTTAAAATTAAACCGCGAACAACTTTATG
TTAAAGAAGTTTTTGTCAACGAAGGTTTGCGTTTAAAACGTATGTTTCCAAGAG
CTAAAGGTTCTGGTGATATGATTAAAAAAAGAACCAGCCACATTACTTTAGTAA
TAACTTCTAACACAAACTTGCAAACATCAAAGGAGGAAGAACAAAGTGGGTCA
AAAAACTAATCCTAACGGCTTAAGATTAGGCATTATTAGAACTTGGGAATCTCA
ATGGTGTGTTAATGATAAAGAAATTCCTAATTTAATTAAAGAAGATTTTTTAAT
TCGTAAACTAATCAATAATTTTACTAAAAAAAGTGCTATCAGTCAAATTGACAT
TGAACGCCTAAAAGAAAAAAATAAAAACCGTATCACTATTTCTGTCCACACCG
CTAAACCAGGCGTTATTATTGGAAAAGATGGCGATACACGCAACAAATTAGTT
GCCAAACTCAAAGAACCTACCCAAAAAGACGTTAATCTTAACGTGTTAGAAGT
TAAAAACTCTGATAAAATCGCTTTATTAATTGCTCAAAATATGGCTGAACAACT
AGAAAATCGTATGTTTTTCCGCCGTGTTCAAAAAATGGCAATCCAAAAAGCCCT
AAAAGCTGGTGCCAAAGGAGTAAAAACTTTAATTTCTGGTCGTTTGGGTGGTGC
TGAAATAGCTCGTAGCGAAGGACATGCCGAAGGCAGAGTTCCTCTACACACTC
TAAGAGCAGACATCGATTACGCTGCTGTTGAAGCTCACACTACTTATGGAGTTT
TAGGAATTAAAGTATGGATTTTCCACGGTGAAGTTTTACCGGGACAAACCATTC
TAGACACTAGAAAACCGTTTGCTTCCCAATCTTCTAACACTCCTAACAGACGCC
CTCGCAATTTCAAAGGAGGCAACAATAATCATGTTAATGCCAAAAAGAACTAA
ATATCGTA

>JWB-rp

TTGCCTCGTTTATTTCCGAGAGCTAAAGGTAAAACAGATAAAAGAAAAAAAAG
AATGAGTCGTGTAAAAATATTTCTTTCTTCATTTAAAAAAGAAATTCAGGGGAT
GTAAGTAAATGGGTCAAAAGAGTAATCCTAATGGTTTGAGATTAGGAATAATT
AGGACTTGGGAATCTAAATGGTATGATGTTGATAAAAAAGTTCCTTTTTTAGTC
GGTGAAGATTTTAAAATTAGAACTTTGATTAAAAATCATTATCCTAAATCAACT
ATTTCTCAAATAGAAATTAAACGTTTAAAAAAAATCAAATGATGAATTTATTGAA
ATCGATTTATATACTTCAAAAATAGGTATCATTCAAGGTCCAGAAAATAAGAAT

AAAAATAGTTTAATTAATAAAATAGAAAAATTAATTAATAAAAAAGTTCAAAT
TAATATTTTCGAAGTAAAAGCAATTAATAAAATTGCTGTTTTAGTTGCTCAAAA
TATCGCTATGCAATTACAACAAAGAGCTTTTTATAAAGCTGTTTTAAAATCAGC
TATTCAAAAAGCTTTAAAAAGCGGCGTTAAAGGCATTAAGATTATTATTACAGG
CCGTTTAGGCGGAGCTGAAAAAGCCAGAAGAGATTCTATTTCGATGGGAGTCG
TTCCTTTGAATACTTTGAGAGCTGATATTGATTACGCTTTTGAAGAAGCCCATA
CTACTTATGGTGTTTTAGGCGTTAAAGTAATTATTAATCATGGTGAGGTTTTAC
CTAATAAAACCATAGCAGATACTAGACAAATATTTTCTTCTCAATATGAAAATA
AAAAAAATAATAATAAAGACATTTTGCTGATAAGAAAAATTTTAAAAAAAGC
ACGTCTTAATATAATCAAAAGAGGTACATAATATATTATGTTAATGCCAAAAAG
AACTAAATATCGT

>JjWB-rp
TTGCCTCGTTTATTTCCGAGAGCTAAAGGTAAAACAGATAAAAGAAAAAAAAG
AATGAGTCGTGTAAAAATATTTCTTTCTTCATTTAAAAAAGAAATTCAGGGGAT
GTAAGTAAATGGGTCAAAAGAGTAATCCTAATGGTTTGAGATTAGGAATAATT
AGGACTTGGGAATCTAAATGGTATGATGTTGATAAAAAAGTTCCTTTTTTAGTC
GGTGAAGATTTTAAAATTAGAACTTTGATTAAAAATCATTATCCTAAATCAACT
ATTTCTCAAATAGAAATTAAACGTTTAAAAAAAATCAAATGATGAATTTATTGAA
ATCGATTTATATACTTCAAAAATAGGTATCATTCAAGGTCCAGAAAATAAGAAT
AAAAATAGTTTAATTAATAAAATAGAAAAATTAATTAATAAAAAAGTTCAAAT
TAATATTTTCGAAGTAAAAGCAATTAATAAAATTGCTGTTTTAGTTGCTCAAAA
TATCGCTATGCAATTACAACAAAGAGCTTTTTATAAAGCTGTTTTAAAATCAGC
TATTCAAAAAGCTTTAAAAAGCGGCGTTAAAGGCATTAAGATTATTATTACAGG
CCGTTTAGGCGGAGCTGAAAAAGCCAGAAGAGATTCTATTTCGATGGGAGTCG
TTCCTTTGAATACTTTGAGAGCTGATATTGATTACGCTTTTGAAGAAGCCCATA
CTACTTATGGTGTTTTAGGCGTTAAAGTAATTATTAATCATGGTGAGGTTTTAC
CTAATAAAACCATAGCAGATACTAGACAAATATTTTCTTCTCAATATGAAAATA
AAAAAAATAATAATAAAGACATTTTGCTGATAAGAAAAATTTTAAAAAAAGC
ACGTCTTAATATAATCAAAAGAGGTACATAATATATTATGTTAATGCCAAAAAG
AACTAAATATCGT

>PpT-rp
ATGGTGGGTCATAAATTAGGAGAATTTTCGCCTACTCGTGTTTTTCGTGGTCAT
GCTAAAGGTGATAAGAAAAATCAAAAAAAATAATTTAAAGAAGGTATTTATAT

ATGAAGGTTAAAGCGGTAGCAAGTCAAATACCTGTTACGCCTAGAAAAGTGTG
TTTGGTTGTTGATTTAATTCGTGGTCAAAAAATTAAAGAAGCTGAAGCTATTTT
AACTTTAAATTCAAAATCAGCTGCTCCTATTGTTTTGAAATTGTTAAAAAGTGT
GGTAGCTAATGCTGTTCATAATTTTAATTTAAATAAAGATGATTTATATGTAGA
AGAAATATTTGTTAATGAAAGCATTTCTTTACCTCGTTTATTTCCTAGAGCTAAA
GGAAAGACAGATAAAAGAAAAAAGAGAACTAGTCATATCAAAATATTTGTTTC
TAAATGTCAAAAAAAAGAAACTCAGGAGATATAATATAAATGGGTCAAAAAA
GCAATCCTAATGGTTTAAGATTAGGAATTATTCGTACTTGGGAATCTAAATGGT
ATGCTGAAGATAAACAAGTTCCTTCTTTGGTTTGCGAAGATTTTCAAATTAGAA
ATTTAATTAAAAATCATTATCCTAAAGCAACTATTTCTCAAATAGAAATAAAAC
GTTTAAAAAAAACGAATGATGAAGTTATTGAGATCGAACTATATACTTCTAAAA
TAGGTTTGATTCAAGGTCCAGATAATAAAAATAAAAATAGTTTAGTTAGTAAAA
TAGAAAATTTAATTAAAAGAAAATTCAAATTAATATTTTTGAAGTTAAAGCTG
TTAATAAAATTGCTGTTTTAGTAGCTCAAAATATAGCAATACAACTACAACAAA
GAGCTTTTTATAAAGCTGTTCAAAAATCAGCTGTTCAAAAAGCTTAAGAAGCG
GTGTTAAAGGTATTAAAATTATTATTACAGGTCGTTTGGGCGGAGCTGAAAAAG
CTAGACAAGAATCTATTTCTATGGGCGTCGTTCCTTTAAACACTTTGAGAGCTG
ATATTGATTATGCTTGCGAAGAAGCTCATACTACTTATGGCGTCTTAGGGGTTA
AAGTTATTATTAATCATGGTGAAGTTTTGCCTAATAAGACTATTTCTGATACTAG
ACAAATATTTGCTTCTCAATATGATAATAAAAAACATTTTAATAAAAAGAATTT
TGCTGAGAAAAATATTTTAAAAAAAATACGTCTTAATATAATAAAAGGGGTA
AAAAAATCATTATGTTAATGCCAAAAAGAAC
>RpWB–rp
TTGCCTCGTTTATTTCCGAGAGCTAAAGGTAAAACAGATAAAAGAAAAAAAG
AATGAGTCGTGTAAAAATATTTCTTTCTTCATTTAAAAAAGAAATTCAGGGGAT
GTAAGTAAATGGGTCAAAAGAGTAATCCTAATGGTTTGAGATTAGGAATAATT
AGGACTTGGGAATCTAAATGGTATGATGTTGATAAAAAAGTTCCTTTTTTAGTC
GGTGAAGATTTTAAAATTAGAACTTTGATTAAAAATCATTATCCTAAATCAACT
ATTTCTCAAATAGAAATTAAACGTTTAAAAAAATCAAATGATGAATTTATTGAA
ATCGATTTATATACTTCAAAAATAGGTATCATTCAAGGTCCAGAAAATAAGAAT
AAAAATAGTTTAATTAATAAATAGAAAATTAATTAATAAAAAGTTCAAAT
TAATATTTTCGAAGTAAAAGCAATTAATAAAATTGCTGTTTTAGTTGCTCAAAA
TATCGCTATGCAATTACAACAAAGAGCTTTTTATAAAGCTGTTTTAAAATCAGC

TATTCAAAAAGCTTTAAAAAGCGGCGTTAAAGGCATTAAGATTATTATTACAGG
CCGTTTAGGCGGAGCTGAAAAAGCCAGAAGAGATTCTATTTCGATGGGAGTCG
TTCCTTTGAATACTTTGAGAGCTGATATTGATTACGCTTTTGAAGAAGCCCATAC
TACTTATGGTGTTTTAGGCGTTAAAGTAATTATTAATCATGGTGAGGTTTTACCT
AATAAAACCATAGCAGATACTAGACAAATATTTTCTTCTCAATATGAAAATAAA
AAAAATAATAATAAAGACATTTTGCTGATAAGAAAAATTTTAAAAAAAGCAC
GTCTTAATATAATCAAAAGAGGTACATAATATATTATGTTAATGCCAAAAAGAA
CTAAATATCGT

>ScWB-rp

TTGCCTCGTTTATTTCCGAGAGCTAAAGGTAAAACAGATAAAAGAAAAAAAAG
AATGAGTCGTGTAAAAATATTTCTTTCTTCATTTAAAAAAGAAATTCAGGGGAT
GTAAGTAAATGGGTCAAAAGAGTAATCCTAATGGTTTGAGATTAGGAATAATT
AGGACTTGGGAATCTAAATGGTATGATGTTGATAAAAAAGTTCCTTTTTTAGTC
GGTGAAGATTTTAAAATTAGAACTTTGATTAAAAATCATTATCCTAAATCAACT
ATTTCTCAAATAGAAATTAAACGTTTAAAAAAAATCAAATGATGAATTTATTGAA
ATCGATTTATATACTTCAAAAATAGGTATCATTCAAGGTCCAGAAAATAAGAAT
AAAAATAGTTTAATTAATAAAATAGAAAAATTAATTAATAAAAAGTTCAAAT
TAATATTTTCGAAGTAAAAGCAATTAATAAAATTGCTGTTTTAGTTGCTCAAAA
TATCGCTATGCAATTACAACAAAGAGCTTTTTATAAAGCTGTTTTAAAATCAGC
TATTCAAAAAGCTTTAAAAAGCGGCGTTAAAGGCATTAAGATTATTATTACAGG
CCGTTTAGGCGGAGCTGAAAAAGCCAGAAGAGATTCTATTTCGATGGGAGTCG
TTCCTTTGAATACTTTGAGAGCTGATATTGATTACGCTTTTGAAGAAGCCCATAC
TACTTATGGTGTTTTAGGCGTTAAAGTAATTATTAATCATGGTGAGGTTTTACCT
AATAAAACCATAGCAGATACTAGACAAATATTTTCTTCTCAATATGAAAATAAA
AAAAATAATAATAAAGACATTTTGCTGATAAGAAAAATTTTAAAAAAAGCAC
GTCTTAATATAATCAAAAGAGGTACATAATATATTATGTTAATGCCAAAAAGAA
CTAAATATCGT

>SjWB-rp

TTGCCTCGTTTATTTCCGAGAGCTAAAGGTAAAACAGATAAAAGAAAAAAAAG
AATGAGTCGTGTAAAAATATTTCTTTCTTCATTTAAAAAAGAAATTCAGGGGAT
GTAAGTAAATGGGTCAAAAGAGTAATCCTAATGGTTTGAGATTAGGAATAATT
AGGACTTGGGAATCTAAATGGTATGATGTTGATAAAAAAGTTCCTTTTTTAGTC
GGTGAAGATTTTAAAATTAGAACTTTGATTAAAAATCATTATCCTAAATCAACT

ATTTCTCAAATAGAAATTAAACGTTTAAAAAAATCAAATGATGAATTTATTGAA
ATCGATTTATATACTTCAAAAATAGGTATCATTCAAGGTCCAGAAAATAAGAAT
AAAAATAGTTTAATTAATAAAATAGAAAAATTAATTAATAAAAAAGTTCAAAT
TAATATTTTCGAAGTAAAAGCAATTAATAAAATTGCTGTTTTAGTTGCTCAAAA
TATCGCTATGCAATTACAACAAGAGCTTTTTATAAAGCTGTTTTAAAATCAGC
TATTCAAAAAGCTTTAAAAAGCGGCGTTAAAGGCATTAAGATTATTATTACAG
GCCGTTTAGGCGGAGCTGAAAAAGCCAGAAGAGATTCTATTTCGATGGGAGTC
GTTCCTTTGAATACTTTGAGAGCTGATATTGATTACGCTTTTGAAGAAGCCCAT
ACTACTTATGGTGTTTTAGGCGTTAAAGTAATTATTAATCATGGTGAGGTTTTAC
CTAATAAAACCATAGCAGATACTAGACAAATATTTTCTTCTCAATATGAAAATA
AAAAAAATAATAATAAAGACATTTTGCTGATAAGAAAAATTTTAAAAAAAGC
ACGTCTTAATATAATCAAAGAGGTACATAATATATTATGTTAATGCCAAAAAG
AACTAAATATCGT

附录4 英文缩写全称对照

缩写	英文	中文
ABC	ATP binding cassette	ATP 结合部
ACLR-AY	Aster yellows ACLR strain	翠菊黄化 ACLR 株系
AFLP	amplified fragment length polymorphism	扩增片段长度多态性
ALY	Alder yellows	赤杨黄化
Amp	ampicilin	氨苄青霉素
ATP	adenosine triphosphate	三磷酸腺苷
AYWB	Aster yellow witches'-broom	翠菊黄化丛枝
BB	Big bud	巨芽
BBS	Blueberry stunt	蓝莓矮化
bp	base pair	碱基对
BWB	Bamboo witches'-broom	竹丛枝
CarY	Carnation yellows	香石竹黄化
CCWB	Christmas cactus witches'-broom	蟹爪兰丛枝
CHRYM	Chrysanthemus yellows	菊花黄化
ChWB	Chinaberry witches'-broom	苦楝丛枝
CK	check	对照
CLY	Cherry lethal yellows	樱桃致死黄化
CPh	Clover phyllody	三叶草变叶
CPh-CVG	Clover phyllody CVG strain	三叶草变叶 CVG 株系
Ct	cycle threshold	域值循环数
CTAB	cetyltrimethyl ammonium bromide	十六烷基三甲基溴化胺
CVB	Aster yellows CVB strain	翠菊黄化 CVB 株系
CWB	Cactus witches'-broom	仙人掌丛枝

（续表）

缩写	英文	中文
CWB-YNO1	Cactus witches'-broom-YNO1	仙人掌丛枝 YNO1 株系
CX	Canadian peach X disease	加拿大桃 X 病
CYE	Clover yellow edge	三叶草边缘黄化
DAPI		4′, 6′-二脒基-2-苯基吲哚
DNA	deoxyribonucleic acid	脱氧核糖核酸
dNTP	deoxyribonucleoside triphosphate	脱氧核糖核苷三磷酸
EB	ethidium bromide	溴化乙锭
ED	extrachromosomal DNA	染色体外 DNA
EDTA	ethylenediamine tetraacetic acid	乙二胺四乙酸
EF-G	elongation factor G	延伸因子 G
EF-Ts	elonation factor Ts	延伸因子 Ts
EF-Tu	elongation factor Tu	延伸因子 Tu
ELISA	enzyme linked immunosorbent assay	酶联免疫吸附测定法
FAM	6-Carboxyfluorescein	6-羟基荧光素
FBP	Faba bean phyllody	蚕豆变叶
GFD	Grapevine flavescence dorée	葡萄黄化
GU	genome unit	基因组单位
HMA	heteroduplex mobility assay	异源双链泳动分析
HYDP	Hydrangea phyllody	绣球花花变叶
IC-PCR	immuno-capture-PCR	免疫捕获 PCR
IDPs	immunodominant membrane proteins	免疫显性膜蛋白
IOM	The International Organization for Mycoplasmology	国际菌原体组织
IRPCM	The International Research Program of Comparative Mycoplasmology	国际比较菌原体研究计划署
ISEM	immuno-sorbent electron microscopy	免疫吸附电子显微镜
ISs	insertion sequences	插入序列
JWB-G1	Jujube witches'-broom G1 strain	枣疯病 G1 株系
kb	kilobase	千碱基对
LiFV	Lily flower virescence	百合花变绿
LiSF	Lily stem flattening	百合扁茎

缩写	英文	中文
LuWB	Lucerne witches'-broom	苜蓿丛枝
MGB	Minor Groove Binder	小沟结合物
MLO	Mycoplasma-like organism	类菌原体
Nested-PCR	nested polymerase chain reaction	巢式 PCR
NFQ	Non-Fluorescent Quencher	非荧光淬灭基团
OD	optical density	光密度
OLL	Orange little leaf	柑橘小叶
ORF	open reading frame	开放阅读框架
OY-M	Onion yellow-M strain	洋葱黄化 M 株系
PCR	polymerase chain reaction	聚合酶链式反应
PeD	Petunia dwarf	矮牵牛矮化
PeSF	Petunia stem flattening	矮牵牛扁茎
PFGE	pulsed field gel electrophoresis	脉冲场电泳
PMU	phytoplasma mobile units	植原体可移动的元件
PnWB	Peanut witches'-broom	花生丛枝
PRL	Peach red leaf	桃红叶
PVM	Plantago virescence	车前草花变绿
PVP	polyvinyl pyrrolidone	聚乙烯吡咯烷酮
PY1	Periwinkle yellows1	长春花黄化 1
PY3	Periwinkle yellows3	长春花黄化 3
Q	quencher	淬灭基团
R	repoter	报告基团
RAPD	random amplified polymorphic	DNA 随机扩增多态性
RFLP	restriction fragment length polymorphism	限制性片段长度多态性
RNA	ribonucleic acid	核糖核酸
RNaseA	ribonuclease A	核糖核酸酶 A
rp	ribosomal protein	核糖体蛋白
R-PCR	recycled PCR	循环 PCR
rRNA	ribosomal RNA	核糖体 RNA
RTFQ-PCR	real-time fluorescence quantitative PCR	实时荧光定量 PCR

（续表）

缩写	英文	中文
SDS	sodium dodecylsulphate	十二烷基磺酸钠
SEM	scanning electron microscopy	扫描电子显微镜
SPLL	Sweet potato little leaf	甘薯小叶
SR	spacer region	间隔区
SWB	Sunshine tree witches'-broom	黄槐丛枝
TAMRA	6-carboxy-tetramethyl-rhodamine	6-羟基-四甲基罗丹明
Taq	*Taq* DNA polymerase	栖热水生菌 DNA 聚合酶
TBB	Tomato big bud	番茄巨芽
TBE	Tris-boric acid	Tris-硼酸
TE	Tris-EDTA TE	缓冲液
TEM	transmission electron microscopy	透射电子显微镜
Tm	melting temperature	解链温度
Tris	Tris（hydrocymethyl）-aminomethane	三（羟甲基）氨基甲烷
tRNA Asn	Asparagine transfer	RNA 天冬酰氨转运 RNA
tRNA Ile	isoleucine transfer	RNA 异亮氨酸转运 RNA
tRNA Val	valine transfer	RNA 缬氨酸转运 RNA
U	unit	单位
UPGMA	unweighted pair-group method with average	非加权组对平均数聚类法
WBD	Wheat blue dwarf	小麦蓝矮
WWB	Walnut witches'-broom	胡桃丛枝
X-gal	5-bromo-4-chloro-3-indolyl-β-D-galactoside	5-溴-4-氯-3-吲哚-β-D-半乳糖苷

参考文献

蔡红，2007. 云南省植原体株系及其相关病害的多样性研究. 博士学位论文. 昆明：云南农业大学.

常文程，李向东，邵云华，等，2012. 棣棠丛枝病相关植原体的分子鉴定. 植物病理学报，42（5）：541-545.

车海彦，2010. 海南省植原体病害多样性调查及槟榔黄化病植原体的分子检测技术研究. 博士学位论文. 杨凌：西北农林科技大学.

顾沛雯，吴云锋，安凤秋，2007. 小麦蓝矮植原体寄主范围的鉴定及 RFLP 分析. 植物病理学报（4）：390-397.

李正男，2010. 陕西省四种植原体病害的分子鉴定. 硕士学位论文. 杨凌：西北农林科技大学.

杨毅，杨旭光，林彩丽，等，2011. 泡桐丛枝植原体染色体全长及两个 rRNA 操纵子定位研究. 植物检疫，25（4）：5-9.

ABRAMOVITCH R B, ANDERSON J C, MARTIN G B, 2006. Bacterial elicitation and evasion of plant innate immunity. Nature Reviews Molecular Cell Biology，7：601-611.

AKIMARU J, MATSUYAMA S, TOKUDA H, et al., 1991. Reconstitution of a protein translocation system containing purified secy, sece, and seca from *Escherichia coli*. Proceedings of the National Academy of Sciences，88：6545-6549.

AL-SAADY N A, KHAN A J, CALARI A, et al., 2008. 'Candidatus phytoplasma omanense', associated with witches'-broom of *Cassia italica* (mill.) spreng. In oman. International Journal of Systematic and Evolutionary microbiology，58：461-466.

ALAVI Y, ARAI M, MENDOZA J, et al., 2003. The dynamics of interactions between plasmodium and the mosquito：A study of the infectivity of plasmodium berghei and plasmodium gallinaceum, and their transmission by *Anopheles stephensi*, *Anopheles gambiae* and *Aedes aegypti*. International Journal for Parasitology, 33: 933−943.

ALMA A, BOSCO D, DANIELLI A, et al., 1997. Identification of phytoplasmas in eggs, nymphs and adults of *Scaphoideus titanus* ball reared on healthy plants. Insect Molecular Biology, 6: 115−121.

AMMAR E D, FULTON D, BAI X, et al., 2004. An attachment tip and pili−like structures in insect−and plant−pathogenic spiroplasmas of the class mollicutes. Archives of Microbiology, 181: 97−105.

ANDERSEN M T, LIEFTING L W, HAVUKKALA I, et al., 2013. Comparison of the complete genome sequence of two closely related isolates of 'Candidatus phytoplasma australiense' reveals genome plasticity. BMC Genomics, 14: 529.

ANDERSEN M T, NEWCOMB R D, LIEFTING L W, et al., 2006. Phylogenetic analysis of "Candidatus phytoplasma australiense" reveals distinct populations in New Zealand. Phytopathology, 96: 838−845.

ANDREWS T D, GOJOBORI T, 2004. Strong positive selection and recombination drive the antigenic variation of the pile protein of the human pathogen *Neisseria meningitidis*. Genetics, 166: 25−32.

ANGELINI E, CLAIR D, BORGO M, et al., 2001. Flavescence dorée in france and italy−occurrence of closely related phytoplasma isolates and their near relationships to palatinate grapevine yellows and an alder yellows phytoplasma. Vitis, 40: 79−86.

ARNAUD G, MALEMBIC−MAHER S, SALAR P, et al., 2007. Multilocus sequence typing confirms the close genetic interrelatedness of three distinct flavescence dorée phytoplasma strain clusters and group 16SrV phytoplasmas infecting grapevine and alder in Europe. Applied and Environmental Microbiology, 73: 4001−4010.

AROCHA Y, LOPEZ M, PINOL B, et al., 2005. 'Candidatus phytoplasma graminis' and 'Candidatus phytoplasma caricae', two novel phytoplasmas associated with diseases of sugarcane, weeds and papaya in cuba. International Journal of Systematic and Evolutionary Microbiology, 55: 2451−2463.

BAI X, CORREA V R, TORUÑO T Y, et al., 2009. Ay-wb phytoplasma secretes a protein that targets plant cell nuclei. Molecular Plant-Microbe interactions, 22: 18-30.

BAI X, ZHANG J, EWING A, et al., 2006. Living with genome instability: The adaptation of phytoplasmas to diverse environments of their insect and plant hosts. Journal of Bacteriology, 188: 3682-3696.

BARBARA D J, MORTON A, CLARK M F, et al., 2002. Immunodominant membrane proteins from two phytoplasmas in the aster yellows clade (chlorante aster yellows and clover phyllody) are highly divergent in the major hydrophilic region. Microbiology, 148: 157-167.

BERG M, DAVIES D L, CLARK M F, et al., 1999. Isolation of the gene encoding an immunodominant membrane protein of the apple proliferation phytoplasma, and expression and characterization of the gene product. Microbiology, 145: 1937-1943.

BERG M, MELCHER U, FLETCHER J, 2001. Characterization of *Spiroplasma citri* adhesion related protein sarp1, which contains a domain of a novel family designated sarpin. Gene, 275: 57-64.

BERHO N, DURET S, DANET J L, et al., 2006. Plasmid pSci6 from *Spiroplasma citri* GII-3 confers insect transmissibility to the non-transmissible strain *S. Citri* 44. Microbiology, 152: 2703-2716.

BERTACCINI A, 2007. Phytoplasmas: Diversity, taxonomy, and epidemiology. Frontiers in Bioscience, 12: 673-689.

BERTACCINI A, VIBIO M, BELLARDI M, 1996. Virus diseases of ornamental shrubs. X. *Euphorbia pulcherrima* willd. Infected by viruses and phytoplasmas. Phytopathologia Mediterranea, 35: 129-132.

BERTAMINI M, NEDUNCHEZHIAN N, 2001. Effects of phytoplasma [stolbur-subgroup (bois noir-bn)] on photosynthetic pigments, saccharides, ribulose 1, 5-bisphosphate carboxylase, nitrate and nitrite reductases, and photosynthetic activities in field-grown grapevine (*Vitis vinifera* L. cv. Chardonnay) leaves. Photosynthetica, 39: 119-122.

BISHOP J, DEAN A, MITCHELL-OLDS T, 2000. Rapid evolution in plant chitinases: Molecular targets of selection in plant-pathogen coevolution. Proceedings of the National Academy of Sciences, 97: 5322-5327.

BLOMQUIST C L, BARBARA D J, DAVIES D L, et al., 2001. An immu-nodominant membrane protein gene from the Western X - disease phytoplasma is distinct from those of other phytoplasmas. Microbiology, 147: 571-580.

BOONHAM N, TOMLINSON J, MUMFORD R, 2007. Microarrays for rapid identification of plant viruses 1. Annu Rev Phytopathol, 45: 307-328.

BOTTI S, BERTACCINI A, 2007. Grapevine yellows in northern italy: Mo-lecular identification of flavescence dorée phytoplasma strains and of bois noir phytoplasmas. Journal of Applied Microbiology, 103: 2325-2330.

BROWN D R, WHITCOMB R F, BRADBURY J M, 2007. Revised minimal standards for description of new species of the class mollicutes (division tenericutes). International Journal of Systematic and Evolutionary Microbiology, 57: 2703-2719.

CHEN W, LI Y, WANG Q, et al., 2014. Comparative genome analysis of wheat blue dwarf phytoplasma, an obligate pathogen that causes wheat blue dwarf disease in China. PLoS One, 9: e96436.

CHRISTENSEN N M, AXELSEN K B, NICOLAISEN M, et al., 2005. Phytoplasmas and their interactions with hosts. Trends in Plant Science, 10: 526-535.

CHRISTENSEN N M, NICOLAISEN M, HANSEN M, et al., 2004. Distri-bution of phytoplasmas in infected plants as revealed by real-time PCR and bioimaging. Molecular Plant-Microbe Interactions, 17: 1175-1184.

CHRISTIE P J, CASCALES E, 2005. Structural and dynamic properties of bacterial type IV secretion systems (review). Molecular Membrane Biology, 22: 51-61.

CONTALDO N, BERTACCINI A, PALTRINIERI S, et al., 2012. Axenic culture of plant pathogenic phytoplasmas. Phytopathologia Mediterranea, 51: 607-617.

CORNELIS G R, VAN GIJSEGEM F, 2000. Assembly and function of type III secretory systems. Annual Reviews in Microbiology, 54: 735-774.

COSSART P, PIZARRO-CERDA J, LECUIT M, 2003. Invasion of mam-malian cells by listeria monocytogenes: Functional mimicry to subvert Cel-lular Functions. Trends in Cell Biology, 13: 23-31.

DALBEY R E, KUHN A, 2000. Evolutionarily related insertion pathways of bacterial, mitochondrial, and thylakoid membrane proteins. Annual Review of Cell and Developmental Biology, 16: 51-87.

DANIELLI A, BERTACCINI A, BOSCO D, et al., 1996. May evidence of 16SrI-group-related phytoplasmas in eggs, nymphs and adults of *Scaphoideus titanus* ball suggest their transovarial transmission? IOM Letters, 4: 190-191.

DAVIS R E, JOMANTIENE R, ZHAO Y, et al., 2003. Folate biosynthesis pseudogenes, ψ folp and ψ folk, and an O − sialoglycoprotein endopeptidase gene homolog in the phytoplasma genome. DNA and Cell Biology, 22: 697-706.

DEITSCH K W, MOXON E R, WELLEMS T E, 1997. Shared themes of antigenic variation and virulence in bacterial, protozoal, and fungal infections. Microbiology and Molecular Biology Reviews, 61: 281-293.

DELAHAY R M, FRANKEL G, 2002. Coiled-coil proteins associated with type III secretion systems: A versatile domain revisited. Molecular Microbiology, 45: 905-916.

DENG S, HIRUKI C, 1991. Amplification of 16S rRNA genes from culturable and nonculturable mollicutes. Journal of Microbiological Methods, 14: 53-61.

DOI Y, TERANAKA M, YORA K, et al., 1967. Mycoplasma or PLT group like microrganisms found in the phloem elements of plants infected with mulberry dwarf, potato witches' broom, aster yellows or pawlonia witches' broom. Annals of Phytopathological Society Japan, 33: 259 − 266.

DURET S, BERHO N, DANET J-L, et al., 2003. Spiralin is not essential for helicity, motility, or pathogenicity but is required for efficient transmission of spiroplasma citri by its leafhopper vector circulifer haematoceps. Applied and Environmental Microbiology, 69: 6225-6234.

ECONOMOU A, 1999. Following the leader: Bacterial protein export through the sec pathway. Trends in Microbiology, 7: 315-320.

FESSEHAIE A, DE BOER S H, LÉVESQUE C A, 2003. An oligonucleotide array for the identification and differentiation of bacteria pathogenic on potato. Phytopathology, 93: 262-269.

FLETCHER J, SHAW M E, BAKER G R, et al., 1996. Molecular charac-
terization of *Spiroplasma citri* br3 lines that differ in transmissibility by the
leafhopper *Circulifer tenellus*. Canadian Journal of Microbiology, 42:
124-131.

FOISSAC X, BOVÉ J M, SAILLARD C, 1997. Sequence analysis of *Spiro-
plasma phoeniceum* and *Spiroplasma kunkelii* spiralin genes and comparison
with other spiralin genes. Current Microbiology, 35: 240-243.

FOX G E, WISOTZKEY J D, JURTSHUK P, 1992. How close is close:
16S rRNA sequence identity may not be sufficient to guarantee species
identity. International Journal of Systematic Bacteriology, 42: 166-170.

FRANÇOIS C, KEBDANI N, BARKER I, et al., 2006. Towards specific
diagnosis of plant - parasitic nematodes using DNA oligonucleotide
microarray technology: A case study with the quarantine species meloido-
gyne chitwoodi. Molecular and Cellular Probes, 20: 64-69.

GOLDBERG M B, 2001. Actin - based motility of intracellular microbial
pathogens. Microbiology and Molecular Biology Reviews, 65: 595-626.

GOUIN E, GANTELET H, EGILE C, et al., 1999. A comparative study of
the actin - based motilities of the pathogenic bacteria listeria
monocytogenes, *Shigella flexneri* and *Rickettsia conorii*. Journal of Cell Sci-
ence, 112: 1697-1708.

GRANT S R, FISHER E J, CHANG J H, et al., 2006. Subterfuge and
manipulation: Type III effector proteins of phytopathogenic bacteria. Annu
Rev Microbiol, 60: 425-449.

GRIFFITHS H, SINCLAIR W, BOUDON-PADIEU E, et al., 1999. Phy-
toplasmas associated with elm yellows: Molecular variability and differenti-
ation from related organisms. Plant Disease, 83: 1101-1104.

GROHMANN E, MUTH G, ESPINOSA M, 2003. Conjugative plasmid
transfer in gram-positive bacteria. Microbiology and Molecular Biology Re-
views, 67: 277-301.

GUNDERSEN D E, LEE I M, REHNER S A, et al., 1994. Phylogeny of
mycoplasmalike organisms (phytoplasmas): A basis for their
classification. Journal of Bacteriology, 176: 5244-5254.

GUNDERSEN D E, LEE I M, 1996. Ultrasensitive detection of phytoplasmas by nested-PCR assays using two universal primer pairs. Phytopathologia Mediterranea, 35: 144-151.

HAYWARD R D, KORONAKIS V, 1999. Direct nucleation and bundling of actin by the sipc protein of invasive salmonella. The EMBO Journal, 18: 4926-4934.

HEBERT P D, PENTON E H, BURNS J M, et al., 2004. Ten species in one: DNA barcoding reveals cryptic species in the neotropical skipper butterfly astraptes fulgerator. Proceedings of the National Academy of Sciences of the United States of America, 101: 14812-14817.

HEBERT P D, RATNASINGHAM S, DE WAARD J R, 2003. Barcoding animal life: Cytochrome c oxidase subunit 1 divergences among closely related species. Proceedings of the Royal Society of London B: Biological Sciences, 270: 96-99.

HODGETTS J, BOONHAM N, MUMFORD R, et al., 2008. Phytoplasma phylogenetics based on analysis of seca and 23S rRNA gene sequences for improved resolution of candidate species of 'Candidatus phytoplasma'. International Journal of Systematic and Evolutionary Microbiology, 58: 1826-1837.

HODGETTS J, BOONHAM N, MUMFORD R, et al., 2009. Panel of 23S rRNA gene-based real-time pcr assays for improved universal and group-specific detection of phytoplasmas. Applied and Environmental Microbiology, 75: 2945-2950.

HODGETTS J, DICKINSON M, 2013. T-RFLP for Detection and Identification of Phytoplasmas in Plants. In: Dickinson M and Hodgetts J. Phytoplasma Methods and Protocols. York, UK: Humana Press: 233-268.

HOGENHOUT S A, OSHIMA K, AMMAR E D, et al., 2008. Phytoplasmas: Bacteria that manipulate plants and insects. Molecular Plant Pathology, 9: 403-423.

HOSHI A, ISHII Y, KAKIZAWA S, et al., 2007. Host - parasite interaction of phytoplasmas from a molecular biological perspective. Bulletin of Insectology, 60: 105.

HOGENHOUT S A, 2009. Plant pathogens, Minor (Phytoplasmas). Encyclopedia of Micribiology. 3rd Edn. New York: Academic Press: 678-688.

HOSHI A, OSHIMA K, KAKIZAWA S, et al., 2009. A unique virulence factor for proliferation and dwarfism in plants identified from a phytopathogenic bacterium. Proceedings of the National Academy of Sciences, 106: 6416-6421.

HUGHES A L, NEI M, 1988. Pattern of nucleotide substitution at major histocompatibility complex class I loci reveals overdominant selection. Nature, 335: 167-170.

IRITI M, QUAGLINO F, MAFFI D, et al., 2008. Solanum malacoxylon, a new natural host of stolbur phytoplasma. Journal of Phytopathology, 156: 8-14.

IRPCM Phytoplasma, Spiroplasma Working Team – Phytoplasma Taxonomy Group, 2004. ' Candidatus Phytoplasma ', a taxon for the wall – less, non – helical prokaryotes that colonize plant phloem and insects. International Journal of Systematic and Evolutionary Microbiology, 54: 1243-1255.

JAROSLAVA P, JOSEF Š, 2013. Dodder Transmission of Phytoplasmas. In: Dickinson M and Hodgetts J. Phytoplasma Methods and Protocols. York, UK: Humana Press: 41-46.

JIGGINS F M, HURST G D, YANG Z, 2002. Host – symbiont conflicts: Positive selection on an outer membrane protein of parasitic but not mutualistic rickettsiaceae. Molecular Biology and Evolution, 19: 1341-1349.

JONES J D, DANGL J L, 2006. The plant immune system. Nature, 444: 323-329.

JURIS S J, RUDOLPH A E, HUDDLER D, et al., 2000. A distinctive role for the yersinia protein kinase: Actin binding, kinase activation, and cytoskeleton disruption. Proceedings of the National Academy of Sciences, 97: 9431-9436.

KAKIZAWA S, OSHIMA K, ISHII Y, et al., 2009. Cloning of immunodominant membrane protein genes of phytoplasmas and their in planta expression. FEMS Microbiology Letters, 293: 92-101.

KAKIZAWA S, OSHIMA K, JUNG H Y, et al., 2006a. Positive selection acting on a surface membrane protein of the plant-pathogenic phytoplasmas.

Journal of Bacteriology, 188: 3424-3428.

KAKIZAWA S, OSHIMA K, NAMBA S, 2006b. Diversity and functional importance of phytoplasma membrane proteins. Trends in Microbiology, 14: 254-256.

KAKIZAWA S, OSHIMA K, KUBOYAMA T, et al., 2001. Cloning and expression analysis of phytoplasma protein translocation genes. Molecular Plant-Microbe Interactions, 14: 1043-1050.

KAKIZAWA S, OSHIMA K, NISHIGAWA H, et al., 2004. Secretion of immunodominant membrane protein from onion yellows phytoplasma through the sec protein - translocation system in *Escherichia coli*. Microbiology, 150: 135-142.

KAWAKITA H, SAIKI T, WEI W, et al., 2000. Identification of mulberry dwarf phytoplasmas in the genital organs and eggs of leafhopper *Hishimonoides sellatiformis*. Phytopathology, 90: 909-914.

KILLINY N, CASTROVIEJO M, SAILLARD C, 2005. *Spiroplasma citri* spiralin acts in vitro as a lectin binding to glycoproteins from its insect vector circulifer haematoceps. Phytopathology, 95: 541-548.

KUBE M, SCHNEIDER B, KUHL H, et al., 2008. The linear chromosome of the plant-pathogenic mycoplasma 'Candidatus phytoplasma mali'. BMC Genomics, 9: 306.

KUNKEL L, 1926. Studies on aster yellows. American Journal of Botany, 13: 646-705.

KUNKEL L, 1932. Celery yellows of California not identical with the aster yellows of New York. Contrib. Boyce Thompson Inst, 4: 405-414.

KUNKEL L, 1955. Cross protection between strains of aster yellow - type viruses. Advances in Virus Research, 3: 251-273.

KWON M-O, WAYADANDE A C, FLETCHER J, 1999. *Spiroplasma citri* movement into the intestines and salivary glands of its leafhopper vector, *Circulifer tenellus*. Phytopathology, 89: 1144-1151.

LANGER M, MAIXNER M, 2004. Molecular characterisation of grapevine yellows associated phytoplasmas of the stolbur-group based on rflp-analysis of non-ribosomal DNA. Vitis, 43: 191-199.

LEBSKY V, POGHOSYAN A, SILVA-ROSALES L, 2010. Application of scanning electron microscopy for diagnosing phytoplasmas in single and mixed (virus-phytoplasma) infection in Papaya. Julius-Kühn-Archiv, 427: 70-78.

LEE I, DAVIS R, 1986. Prospects for in vitro culture of plant-pathogenic mycoplasmalike organisms. Annual Review of Phytopathology, 24: 339-354.

LEE I M, DAVIS R E, GUNDERSEN-RINDAL D E, 2000. Phytoplasma: Phytopathogenic mollicutes 1. Annual Reviews in Microbiology, 54: 221-255.

LEE I M, GUNDERSEN - RINDAL D E, DAVIS R E, et al., 1998. Revised classification scheme of phytoplasmas based on rflp analyses of 16S rRNA and ribosomal protein gene sequences. International Journal of Systematic Bacteriology, 48: 1153-1169.

LEE I M, GUNDERSEN-RINDAL D, DAVIS R, et al., 2004a. 'Candidatus phytoplasma asteris', a novel phytoplasma taxon associated with aster yellows and related diseases. International Journal of Systematic and Evolutionary Microbiology, 54: 1037-1048.

LEE I M, HAMMOND R, DAVIS R, et al., 1993. Universal amplification and analysis of pathogen 16S rDNA for classification and identification of mycoplasmalike organisms. Phytopathology, 83: 834-842.

LEE I M, ZHAO Y, BOTTNER K, 2006a. Secy gene sequence analysis for finer differentiation of diversestrains in the aster yellows phytoplasma group. Molecular and Cellular Probes, 20: 87-91.

LEE M, BOTTNER K D, SECOR G, et al., 2006b. 'Candidatus phytoplasma americanum', a phytoplasma associated with a potato purple top wilt disease complex. International Journal of Systematic and Evolutionary Microbiology, 56: 1593-1597.

LEE M, KLOPMEYER M, BARTOSZYK I M, et al., 1997. Phytoplasma induced free-branching in commercial poinsettia cultivars. Nature Biotechnology, 15: 178-182.

LEE M, MARTINI M, MARCONE C, et al., 2004b. Classification of phytoplasma strains in the elm yellows group (16Srv) and proposal of 'Candidatus phytoplasma ulmi' for the phytoplasma associated with elm yellows. International Journal of Systematic and Evolutionary Microbiology, 54: 337-347.

LEYVA-LÓPEZ N E, OCHOA-SÁNCHEZ J C, LEAL-KLEVEZAS D S, et al., 2002. Multiple phytoplasmas associated with potato diseases in Mexico. Canadian Journal of Microbiology, 48: 1062-1068.

LI Z N, ZHANG L, ZHAO L, et al., 2012. A new phytoplasma associated with witches'-broom on Japanese maple in China. Forest Pathology, 42 (5): 371-376.

LI Z, SONG J, ZHANG C, et al., 2010a. Berberis phyllody is a phytoplasma-associated disease. Phytoparasitica, 38: 99-102.

LI Z, WU Z, LIU H, et al., 2010b. Spiraea salicifolia: A new plant host of "Candidatus phytoplasma ziziphi" -related phytoplasma. Journal of General Plant Pathology, 76: 299-301.

LI Z, ZHENG X, WEI H, et al., 2009. First report of elm yellows phytoplasma infecting clover in China. Plant Disease, 93: 321-321.

LI Z N, LIU P, ZHANG L, et al., 2013. Detection and identification of the phytoplasma associated with China ixeris (*Ixeridium chinense*) fasciation. Botanical Studies, 54: 52.

LI Z N, ZHANG L, BAI Y B, et al., 2012. Detection and identification of the elm yellows group phytoplasma associated with puna chicory flat stem in China. Canadian Journal of Plant Pathology, 34: 34-41.

LIEFTING L W, KIRKPATRICK B C, 2003. Cosmid cloning and sample sequencing of the genome of the uncultivable mollicute, Western x-disease phytoplasma, using DNA purified by pulsed-field gel electrophoresis. FEMS Microbiology Letters, 221: 203-211.

LIEVENS B, CLAES L, VANACHTER A C, et al., 2006. Detecting single nucleotide polymorphisms using DNA arrays for plant pathogen diagnosis. FEMS Microbiology Letters, 255: 129-139.

LIM P O, SEARS B, 1989. 16S rRNA sequence indicates that plant-pathogenic mycoplasmalike organisms are evolutionarily distinct from animal mycoplasmas. Journal of Bacteriology, 171: 5901-5906.

MACLEAN A M, SUGIO A, MAKAROVA O V, et al., 2011. Phytoplasma effector sap54 induces indeterminate leaf-like flower development in Arabidopsis plants. Plant Physiology, 157: 831-841.

MAEJIMA K, IWAI R, HIMENO M, et al., 2014. Recognition of floral homeotic mads domain transcription factors by a phytoplasmal effector, phyllogen, induces phyllody. The Plant Journal, 78: 541-554.

MAKAROVA O, CONTALDO N, PALTRINIERI S, et al., 2013. DNA Bar-Coding for Phytoplasma Identification. In: Dickinson M and Hodgetts J. Phytoplasma Methods and Protocols. York, UK: Humana Press: 301-317.

MARAMOROSCH K, 2008. The discovery of phytoplasmas: A historical reminiscence of success and failure. Egyptian Jounral of Virology, 5: 1-19.

MARCONE C, LEE I, DAVIS R, et al., 2000. Classification of aster yellows-group phytoplasmas based on combined analyses of rRNA and *tuf* gene sequences. International Journal of Systematic and Evolutionary Microbiology, 50: 1703-1713.

MARKHAM P G, TOWNSEND R, 1979. Experimental vectors of spiroplasmas. Leafhopper Vectors and Plant Disease Agents, 413-445.

MARTINI M, BOTTI S, MARCONE C, et al., 2002. Genetic variability among flavescence dorée phytoplasmas from different origins in Italy and France. Molecular and Cellular Probes, 16: 197-208.

MARTINI M, LEE I M, BOTTNER K D, et al., 2007. Ribosomal protein gene based phylogeny for finer differentiation and classification of phytoplasmas. Int J Syst Evol Microbiol, 57: 2037-2051.

MARTINI M, LEE I M, BOTTNER K, et al., 2007. Ribosomal protein gene-based phylogeny for finer differentiation and classification of phytoplasmas. International Journal of Systematic and Evolutionary Microbiology, 57: 2037-2051.

MCCOY R E, CAUDWELL A, CHANG C J, et al., 1989. Plant Diseases Associated with Mycoplasmalike Organisms. In: Tully J G and Whitcomb R F. The Mycoplasmas. New York: Academic Press: 5, 545-640.

MILNE R, RAMASSO E, LENZI R, et al., 1995. Pre-and post-embedding immunogold labeling and electron microscopy in plant host tissues of three antigenically unrelated mlos: Primula yellows, tomato big bud and bermudagrass white leaf. European Journal of Plant Pathology, 101: 57-67.

MITROVIĆ J, KAKIZAWA S, DUDUK B, et al., 2011. The groel gene as an additional marker for finer differentiation of 'Candidatus phytoplasma asteris' -related strains. Annals of Applied Biology, 159: 41-48.

MONTANO H G, DAVIS R E, DALLY E L, et al., 2001. 'Candidatus phytoplasma brasiliense', a new phytoplasma taxon associated with hibiscus witches' broom disease. International Journal of Systematic and Evolutionary Microbiology, 51: 1109-1118.

MORTON A, DAVIES D L, BLOMQUIST C L, et al., 2003. Characterization of homologues of the apple proliferation immunodominant membrane protein gene from three related phytoplasmas. Molecular Plant Pathology, 4: 109-114.

MURRAY R, BRENNER D, COLWELL R, et al., 1990. Report of the Ad Hoc Committee on approaches to taxonomy within the proteobacteria. International Journal of Systematic Bacteriology, 40: 213-215.

MUSETTI R, BUXA S V, 2019. DAPI and confocal laser-scanning microscopy for in vivo imaging of phytoplasmas. Phytoplasmas: Methods and Protocols, Methods in Molecular Biology. New York: Humana Press: 301-306.

MUSETTI R, FAVALI M A, 2004. Microscopy techniques applied to the study of phytoplasma diseases: Traditional and innovative methods. Current Issues on Multidisciplinary Microscopy Research and Education, 72-80.

NAKAI K, KANEHISA M, 1991. Expert system for predicting protein localization sites in gram-negative bacteria. Proteins: Structure, Function, and Bioinformatics, 11: 95-110.

NAMBA S, OYAIZU H, KATO S, et al., 1993. Phylogenetic diversity of phytopathogenic mycoplasmalike organisms. International Journal of Systematic Bacteriology, 43: 461-467.

NICOLAISEN M, BERTACCINI A, 2007. An oligonucleotide microarray-based assay for identification of phytoplasma 16S ribosomal groups. Plant Pathology, 56: 332-336.

NICOLAISEN M, JUSTESEN A F, THRANE U, et al., 2005. An oligonucleotide microarray for the identification and differentiation of trichothecene producing and non-producing fusarium species occurring on cereal grain. Journal of Microbiological Methods, 62: 57-69.

NIELSEN H, ENGELBRECHT J, BRUNAK S, et al., 1997. Identification of prokaryotic and eukaryotic signal peptides and prediction of their cleavage sites. Protein Engineering, 10: 1-6.

NISHIGAWA H, OSHIMA K, KAKIZAWA S, et al., 2002. A plasmid from a non-insect-transmissible line of a phytoplasma lacks two open reading frames that exist in the plasmid from the wild-type line. Gene, 298: 195-201.

OHTA T, 1992. The nearly neutral theory of molecular evolution. Annual Review of Ecology and Systematics, 23: 263-286.

OSHIMA K, KAKIZAWA S, ARASHIDA R, et al., 2007. Presence of two glycolytic gene clusters in a severe pathogenic line of Candidatus phytoplasma asteris. Molecular Plant Pathology, 8: 481-489.

OSHIMA K, KAKIZAWA S, NISHIGAWA H, et al., 2001a. A plasmid of phytoplasma encodes a unique replication protein having both plasmid-and virus-like domains: Clue to viral ancestry or result of virus/plasmid recombination? Virology, 285: 270-277.

OSHIMA K, SHIOMI T, KUBOYAMA T, et al., 2001b. Isolation and characterization of derivative lines of the onion yellows phytoplasma that do not cause stunting or phloem hyperplasia. Phytopathology, 91: 1024-1029.

OSHIMA K, KAKIZAWA S, NISHIGAWA H, et al., 2004. Reductive evolution suggested from the complete genome sequence of a plant-pathogenic phytoplasma. Nature Genetics, 36: 27-29.

OSHIMA K, MIYATA S I, SAWAYANAGI T, et al., 2002. Minimal set of metabolic pathways suggested from the genome of onion yellows phytoplasma. Journal of General Plant Pathology, 68: 225-236.

PACIFICO D, FOISSAC X, VERATTI F, et al., 2007. Genetic diversity of italian and french " bois noir " phytoplasma isolates. Bulletin of Insectology, 60: 345.

PADOVAN A, GIBB K, PERSLEY D, 2000. Association of ' Candidatus phytoplasma australiense' with green petal and lethal yellows diseases in strawberry. Plant Pathology, 49: 362-369.

PANTALONI D, LE CLAINCHE C, CARLIER M-F, 2001. Mechanism of actin-based motility. Science, 292: 1502-1506.

PELLUDAT C, DUFFY B, FREY J E, 2009. Design and development of a DNA microarray for rapid identification of multiple european quarantine phytopathogenic bacteria. European Journal of Plant Pathology, 125: 413-423.

PHYTOPLASMA RESOURCE CENTER, 2015. Disease pictures. http: // plantpathology. ba. ars. usda. gov/pclass/pclass_pictures. html [2015-04-10].

PURCELL B A H, RICHARDSON J, FINLAY A, 1981. Multiplication of the agent of x-disease in a non-vector leafhopper *Macrosteles fascifrons*. Annals of Applied Biology, 99: 283-289.

RIOLO P, LANDI L, NARDI S, et al., 2007. Relationships among hyalesthes obsoletus, its herbaceous host plants and "bois noir" phytoplasma strains in vineyard ecosystems in the marche region (central - eastern Italy). Bulletin of Insectology, 60: 353.

SAMUELSON J C, CHEN M, JIANG F, et al., 2000. Yidc mediates membrane protein insertion in bacteria. Nature, 406: 637-641.

SCHNEIDER B, AHRENS U, KIRKPATRICK B C, et al., 1993. Classification of plant-pathogenic mycoplasma-like organisms using restriction-site analysis of pcr-amplified 16S rDNA. Journal of General Microbiology, 139: 519-527.

SCHNEIDER B, GIBB K S, 1997. Sequence and rflp analysis of the elongation factor tu gene used in differentiation and classification of phytoplasmas. Microbiology, 143: 3381-3389.

SCHNEIDER B, SEEMÜLLER E, SMART C D, et al., 1995. Phylogenetic classification of plant pathogenic mycoplasma like organism or phytoplasma. In: Razin R and Tully J G. Molecular and diagnostic procedures in Mycoplasmology. San Diego: Academic Press: 369-380.

SCOTTI P A, URBANUS M L, BRUNNER J, et al., 2000. Yidc, the *Escherichia coli* homologue of mitochondrial oxa1p, is a component of the sec translocase. The EMBO Journal, 19: 542-549.

SEEMÜLLER E, MARCONE C, LAUER U, et al., 1998. Current status of molecular classification of the phytoplasmas. Journal of Plant Pathology, 3-26.

SEREK J, BAUER-MANZ G, STRUHALLA G, et al., 2004. *Escherichia coli* yidc is a membrane insertase for sec-independent proteins. The EMBO Journal, 23: 294-301.

SHAO J, JOMANTIENE R, DALLY E, et al., 2006. Phylogeny and characterization of phytoplasmal nusa and use of the nusa gene in detection of group 16Sr I strains. Journal of Plant Pathology, 193-201.

SHEN W, LIN C, 1993. Production of monoclonal antibodies against a mycoplasmalike organism associated with sweetpotato witches' broom. Phytopathology-New York and Baltimore THEN ST PAUL, 83: 671-671.

SMART C, SCHNEIDER B, BLOMQUIST C, et al., 1996. Phytoplasma-specific pcr primers based on sequences of the 16S-23S rRNA spacer region. Applied and Environmental Microbiology, 62: 2988-2993.

STACKEBRANDT E, 2007. Forces shaping bacterial systematics. Microbe-American Society for Microbiology, 2: 283.

STACKEBRANDT E, FREDERIKSEN W, GARRITY G M, et al., 2002. Report of the ad hoc committee for the re-evaluation of the species definition in bacteriology. International Journal of Systematic and Evolutionary Microbiology, 52: 1043-1047.

STACKEBRANDT E, GOEBEL B, 1994. Taxonomic note: A place for DNA-DNA reassociation and 16S rRNA sequence analysis in the present species definition in bacteriology. International Journal of Systematic Bacteriology, 44: 846-849.

STRETEN C, GIBB K, 2005. Genetic variation in Candidatus phytoplasma australiense. Plant Pathology, 54: 8-14.

SUGIO A, MACLEAN A M, GRIEVE V M, et al., 2011. Phytoplasma protein effector sap11 enhances insect vector reproduction by manipulating plant development and defense hormone biosynthesis. Proceedings of the National Academy of Sciences, 108: 1254-1263.

SUZUKI S, OSHIMA K, KAKIZAWA S, et al., 2006. Interaction between the membrane protein of a pathogen and insect microfilament complex determines insect-vector specificity. Proceedings of the National Academy of Sciences of the United States of America, 103: 4252-4257.

SUZUKI T, MIMURO H, SUETSUGU S, et al., 2002. Neural wiskott-aldrich syndrome protein (n-wasp) is the specific ligand for shigella virg among the wasp family and determines the host cell type allowing actin-based spreading. Cellular Microbiology, 4: 223-233.

TAMURA K, DUDLEY J, NEI M, et al., 2007. Mega4: Molecular evolutionary genetics analysis (mega) software version 4.0. Molecular Biology and Evolution, 24: 1596-1599.

TANAKA T, NEI M, 1989. Positive darwinian selection observed at the variable- region genes of immunoglobulins. Molecular Biology and Evolution, 6: 447-459.

TILNEY L G, PORTNOY D A, 1989. Actin filaments and the growth, movement, and spread of the intracellular bacterial parasite, listeria monocytogenes. The Journal of Cell Biology, 109: 1597-1608.

TJALSMA H, BOLHUIS A, JONGBLOED J D, et al., 2000. Signal peptide - dependent protein transport inbacillus subtilis: A genome - based survey of the secretome. Microbiology and Molecular Biology Reviews, 64: 515-547.

TRAN VAN NHIEU G, CARON E, HALL A, et al., 1999. Ipac induces actin polymerization and filopodia formation during shigella entry into epithelial cells. The EMBO Journal, 18: 3249-3262.

TRAN - NGUYEN L, KUBE M, SCHNEIDER B, et al., 2008. Comparative genome analysis of "Candidatus phytoplasma australiense" (Subgroup tuf - Australia I; rp - a) and "Ca. Phytoplasma asteris" strains OY-M and AY-WB. Journal of Bacteriology, 190: 3979-3991.

URBANUS M L, SCOTTI P A, FRÖDERBERG L, et al., 2001. Sec - dependent membrane protein insertion: Sequential interaction of nascent ftsq with secy and yidc. EMBO Reports, 2: 524-529.

URWIN R, HOLMES E C, FOX A J, et al., 2002. Phylogenetic evidence for frequent positive selection and recombination in the meningococcal surface antigen porb. Molecular Biology and Evolution, 19: 1686-1694.

VANDAMME P, POT B, GILLIS M, et al., 1996. Polyphasic taxonomy, a consensus approach to bacterial systematics. Microbiological Reviews, 60: 407-438.

WEI W, DAVIS R E, LEE M, et al., 2007. Computer-simulated rflp analysis of 16S rRNA genes: Identification of ten new phytoplasma groups. International Journal of Systematic and Evolutionary Microbiology, 57: 1855-1867.

WEI W, KAKIZAWA S, SUZUKI S, et al., 2004. In planta dynamic analysis of onion yellows phytoplasma using localized inoculation by insect transmission. Phytopathology, 94: 244-250.

WEI W, LEE M, DAVIS R E, et al., 2008. Automated RFLP pattern comparison and similarity coefficient calculation for rapid delineation of new and distinct phytoplasma 16Sr subgroup lineages. International Journal of Systematic and Evolutionary Microbiology, 58: 2368-2377.

WEINTRAUB P G, BEANLAND L, 2006. Insect vectors of phytoplasmas. Annu Rev Entomol, 51: 91-111.

WEISBURG W, TULLY J, ROSE D, et al., 1989. A phylogenetic analysis of the mycoplasmas: Basis for their classification. Journal of Bacteriology, 171: 6455-6467.

WOESE C R, 1987. Bacterial evolution. Microbiological Reviews, 51: 221.

WOESE C R, 2000. Interpreting the universal phylogenetic tree. Proceedings of the National Academy of Sciences, 97: 8392-8396.

WOESE C, MANILOFF J, ZABLEN L, 1980. Phylogenetic analysis of the mycoplasmas. Proceedings of the National Academy of Sciences, 77: 494-498.

YE F, MELCHER U, FLETCHER J, 1997. Molecular characterization of a gene encoding a membrane protein of *Spiroplasma citri*. Gene, 189: 95-100.

ZHAO Y, DAVIS R E, LEE M, 2005. Phylogenetic positions of 'Candidatus phytoplasma asteris' and *Spiroplasma kunkelii* as inferred from multiple sets of concatenated core housekeeping proteins. International Journal of Systematic and Evolutionary Microbiology, 55: 2131-2141.

ZHAO Y, WEI W, LEE M, et al., 2009. Construction of an interactive online phytoplasma classification tool, iphyclassifier, and its application in analysis of the peach x-disease phytoplasma group (16SrⅢ). International Journal of Systematic and Evolutionary Microbiology, 59: 2582-2593.

ZHOU D, MOOSEKER M S, GALÁN J E, 1999. Role of the s. Typhimurium actin-binding protein sipa in bacterial internalization. Science, 283: 2092-2095.